苹英草木

冯虎元
潘建斌
安黎哲

高等教育出版社·北京

内容简介

　　本书介绍了兰州大学6个校区的常见植物，共443个分类群，隶属于84科288属。每个分类群配有多张反映物种详细特征的照片，并简单介绍了物种的形态特征，概括了相似物种的识别要点，还对物种的名称来源、人文掌故、物种档案以及不同系统中分类地位的变化等信息进行总结，是一本非常实用的校园植物识别工具书，可作为高等院校和研究所植物、生态、环境、园林等专业领域的师生和科研工作者的植物学实习指导书，也可为植物学爱好者、户外运动爱好者提供参考。

图书在版编目（CIP）数据

　　萃英草木 / 冯虎元，潘建斌，安黎哲编 . -- 北京 ：高等教育出版社，2016.8
　　ISBN 978-7-04-045296-9

　　Ⅰ . ①萃… Ⅱ . ①冯… ②潘… ③安… Ⅲ . ①兰州大学-植物志 Ⅳ . ①Q948.524.21

　　中国版本图书馆CIP数据核字 (2016) 第100521号

策划编辑　王　莉　　责任编辑　王　莉　　特约编辑　靳　然
封面设计　高教图文　　责任印制　朱学忠

出版发行	高等教育出版社	网　　址	http://www.hep.edu.cn
社　　址	北京市西城区德外大街4号		http://www.hep.com.cn
邮政编码	100120	网上订购	http://www.hepmall.com.cn
印　　刷	北京信彩瑞禾印刷厂		http://www.hepmall.com
开　　本	850mm×1168mm 1/32		http://www.hepmall.cn
印　　张	12.875		
字　　数	470千字	版　　次	2016年8月第1版
购书热线	010-58581118	印　　次	2016年8月第1次印刷
咨询电话	400-810-0598	定　　价	53.00元

本书如有缺页、倒页、脱页等质量问题，请到所购图书销售部门联系调换
版权所有　侵权必究
物料号　45296-00

序

　　兰州大学有 6 个校区，各校区环境有所不同，特别是榆中校区包含了萃英山，各校区基本上涵盖了兰州地区的大部分植物种类，再加上近年来国内外交流频繁，一些盆栽花卉、地被草坪植物已逸为野生，因此校园内的植物种类特别繁多。生命科学各专业的学生渴望认识这些植物，历年来生物专业的教师也想编写一本手册性的图书供学生参考，但每次均无果而终，甚是遗憾。安黎哲、冯虎元和潘建斌等组成的研究组在前人工作的基础上，经过十多年的调查研究，选择常见或习见的校园植物 400 余种，集成《萃英草木》一书，完成了许多教师多年的夙愿。该书对于学生兴趣的培养、专业知识的巩固和教师教学质量的提高有极大的帮助。

　　本书的目的是教学和植物识别，注重解决物种的认识问题，每一物种都有对应的特征概要和精美照片。需要注意的是，本书侧重于被子植物系统发育研究组（Angiosperm Phylogeny Group，简称 APG）1998 年提出、2009 年第 3 次修订的植物分类系统即 APG Ⅲ 系统。这一系统是以分子分类学和分子生物学为基础，汲取了其他相关学科的研究成果而建立的。该系统共分 18 个超目，68 个目，将单子叶植物（百合超目）置于木兰超目之后，这与历年科学家提出的所有被子植物分类系统不大相同，所以本书也将单子叶植物置于木兰科之后、毛茛科之前。本书还增加了识别要点、名称溯源、人文掌故、物种档案、物种拉丁文学名和英文名称等信息，扩大了知识范围，更有利于提高学生的学习兴趣，对相关学科和研究人员也有很大帮助。

　　何景先生编写的《兰州植物志》（1958，油印本）、孔宪武先生编著的《兰州植物通志》（1962，甘肃人民出版社）

早已绝版;《中国植物志》和 *Flora of China* 范围较大,不便参考;《甘肃植物志》没有完整出版;特别是对于本地区近年来引进的栽培植物,缺乏可用的参考资料。因此本书的出版弥补了该地区植物志类书籍的空白。

　　我很高兴本书能够顺利出版,这实现了我们多年的心愿。在此唠叨数句,是以为序。

彭泽祥

2016 年 4 月

前　言

兰州大学的前身是 1909 年在萃英门创立的甘肃法政学堂，有人文荟萃、英才聚集之寓意，因此，"萃英"就成了兰州大学特有的符号，如学校引进的高层次人才被誉为萃英特聘教授，培养国家基础学科拔尖人才的机构命名为萃英学院等，"萃英草木"也即兰州大学校园植物的代名词。

兰州大学博物学专业的建设起步较晚，1928 年筹建兰州中山大学时曾被提上议事日程，但未能实现，直到 1946 年国立兰州大学成立时，才在理学院下设立植物学系。植物学系成立之初，师资匮乏，在时任校长、生物学家和教育家辛树帜以及植物学家、理学院院长兼系主任董爽秋等老一辈科学家的关怀支持下，外聘西北师范学院的孔宪武教授开设了植物分类学课程指导兰州大学植物分类学研究。其间，选派师院毕业留校的张鹏云先生到青海日月山、青海湖、甘肃敦煌南湖、祁连山等地专门采集植物标本。同时，教师们也为植物学野外实习开展了一系列植物的调查采集和研究工作。

新中国成立后，植物系和动物系合并为生物学系。从 20 世纪 50 年代起，植物学专业老师张鹏云、陈庆诚、彭泽祥、张国樑、张耀甲、张学忠、王勋陵、潘以敏、孙继周、蒲训、袁永明、夏泉等参加了许多有关部门组织的综合考察、调查，并结合每年的教学实习，采集了新疆天山南北、陕西太白山、宁夏贺兰山、六盘山、沙坡头、青海柴达木、青藏高原东北部、甘肃河西、祁连山、兴隆山、崆峒山、甘南，特别是天水以及陇南山区的大量植物标本，总数达 15 万余号。其中腊叶标本 13 万余号。例如以"兰州"命名的全寄生植物兰州肉苁蓉（*Cistanche lanzhouensis*），其模式标本 1965 年采集于兰州五泉山（该植物因生境受人类活动干扰而面临威胁），承载物种名称的唯一一份标本存放于兰州大学植物标本馆（该馆以"LZU"缩写进入中国植物标本馆索引和国际植物标本馆目录）。这些工作部分实现了辛树帜和董爽秋等前辈建系时的宏愿，即"研究面向西北，突出八个重点，分期对太白山、贺兰山和祁连山地区的动植物进行调查"。这些植物标本为编写《中国植物志》和《甘肃植物志》，为研究西北地区的植物积累了丰富的第一手资料。

发源于萃英门的兰州大学办学规模在逐步扩大，从萃英门到盘旋路再到榆中校区，校园面积、师资队伍和学科门类已得到不断壮大和完善。不论国立兰州大学时期的植物学系，或是新中国成立后生物系的植物学专业，还是1992年专业调整后的生命科学专业，兰州大学绿化队栽植和建设的校园植物、生物园、新校区的种质资源库以及萃英山一直以来都是生命科学人才培养环节不可或缺的资源，历代从事植物学教学的老师几经努力，一直想编写一本校园植物方面的参考书，供师生在教学中使用。但遗憾的是，除去一些案头零星的记录和个人手记外，系统整理和出版资料的工作并没有进行。

鉴于此，我们在前辈工作积累的基础上，编著了《萃英草木》一书。本书采用被子植物系统发育研究组的最新植物分类系统 APG Ⅲ（2009），归纳介绍了兰州大学各校区的常见植物 442 个分类群（含 17 变种 7 变型 16 品种），隶属于84 科 287 属。本书中每个分类群配有多张反映物种详细特征的照片，非专业人员可以利用照片进行物种识别。书中简明扼要地介绍了物种的形态特征，概括了相似物种的识别要点，并对物种的名称来源、人文掌故、物种档案以及不同系统中分类地位的变化等信息进行了总结，是一本非常实用的工具书。本书所记载的每种植物均配有花果期的图例，绝大部分植物图片为作者在校园及周边拍摄。本书中还收录了一些原产于国外，国内分布和报道很少的物种，如在榆中校区成片分布、原产阿根廷的裂叶茄（*Solanum triflorum*），可为物种入侵或扩散的研究提供资料。

本书编写过程中参考了《中国植物志》、《中国高等植物图鉴》、《中国高等植物》、《青海植物志》、《甘肃植物志》、《甘肃河西地区维管植物检索表》、《新编拉汉英种子植物名称》、*Flora of China*、中国自然标本馆（http://www.nature-museum.net/）、The Plant List（http://www.theplantlist.org/）、中国生物物种名录（http://base.sp2000.cn/colchina_c15/search.php）、Angiosperm Phylogeny Website（http://www.mobot.org/MOBOT/research/APweb/welcome.html）等。本书物种中文名参照《中国植物志》；物种学名参照 *Flora of China*、The Plant List 和中国生物物种名录；物种英文名参照《新编拉汉英种子植物名称》；栽培品种以中国自然标本馆收录的为准。本书中被子植物科范畴参照 APG Ⅲ 系统，属范畴参照 *Flora of China*，并提供了系统变化的最新研究成果。物种的系统变化以及科和属的排列顺序基本以《中国被子植物科属概览：依据 APG Ⅲ 系统》（刘冰，等，2015）为准，个别顺序略有调整。

《萃英草木》的付梓，得到了无数人的帮助和鼓励。我院 1947 级植物系学生彭泽祥先生一直鞭策我们，并为此书欣然作序；已故张鹏云先生和张国樑高级工程师积累了不少相关资料和素材；张耀甲教授虽退休多年，依然笔耕不缀，时常提醒我们校园植物又添新丁；孙继周教授、蒲训教授、徐世健教授、王玉金教授积极鼓励我们，并给予了很多宝贵建议；孙国钧教授提供了部分照片；生命科学学院 2001、2012 级和达尔文协会的部分学生陈凯、方黎、方明、何雷、姚园园、赵娟娟、左茹娟、黄超杰、颜安、林吴颖、蔡泽坪、唐杏姣、王玉秋、黄璞、郝媛媛、邰如玉、杨霄月、杨永鑫等同学参与了一些名录整理和校园植物调查工作，并提供了部分照片；兰州大学教材建设基金、国家标本平台教学标本子平台（2005DKA21403-JK）和国家基础学科人才培养基金为本书给予经费资助；秦理斌教授为本书题写了书名；高等教育出版社王莉老师为本书的编辑和出版付出了巨大心血，在此一并表示诚挚的谢意。

尽管多年来我们对兰州大学校园植物的认识在不断地深入，但由于作者水平有限，编著时间仓促，我们的书中肯定还有错误和不足之处，恳请批评指正。

谨以此书为兰州大学生命科学学院成立 70 周年献一份小礼，并向那些在植物分类学和系统学的教学研究中默默耕耘的教师以及为校园植物的引进栽培和管护做出巨大贡献的人们致以最大的敬意。

编　　者
2016 年 4 月

目　录

裸子植物

Gymnospermae

银杏 白果树、公孙树

Ginkgo biloba | Ginkgo

◎ 银杏科 银杏属

形态特征： 落叶乔木①③；枝有长枝与短枝；叶在长枝上螺旋状散生，在短枝上簇生，叶片扇形②；雌雄异株；雌球花生于短枝叶腋或苞腋；雄球花呈荑黄花序状；种子核果状，椭圆形至近球形；外种皮肉质，中种皮骨质，内种皮膜质；胚乳丰富。

名称溯源： 银杏的属名 *Ginkgo* 来自日语 ginkyo。"银杏"指形似小杏而核白色。银杏的另一个英文名为 maidenhair tree（掌叶铁线蕨树），意为银杏的扇形叶片像掌叶铁线蕨，故又名鸭脚（子）。银杏长到 20 年以上才开花结果，所以也称为"公孙树"。

物种档案： 银杏为我国特有植物，是中生代孑遗的稀有树种，仅浙江天目山有野生的树木，现普遍栽培。银杏科仅 1 属 1 种。

校园分布： 盘旋路校区正门口、专家楼、钟灵园、榆中校区院士林、芝兰苑附近有栽培。

油松

Pinus tabuliformis | Chinese Pine

◎ 松科 松属

形态特征： 常绿乔木①；一年生枝淡红褐色；针叶 2 针一束（见樟子松②下），粗硬，有树脂；叶鞘宿存；雄球花圆柱形②，在新枝下部聚生成穗状；雌球花卵形，紫色，单生或数个生于新枝顶端；球果圆卵形，成熟前绿色③，熟时淡黄色或淡黄褐色④，常宿存于树上数年之久。

名称溯源： 油松的属名 *Pinus* 是拉丁语的原植物名。

物种档案： 油松为我国特有物种。油松木质部分泌的树脂即松节油，用于治疗呼吸道疾病、肠胃不适，也可以用于制造香水。油松树脂在古希腊、古罗马和古埃及有很长的研究和应用历史。油松树皮是单宁之源，针叶也可用作杀虫剂和染料。油松在《中国植物志》中的学名为 *Pinus tabulaeformis*。松属植物全世界有 175 种，中国有 22 种。

校园分布： 榆中校区羽毛球场、天山堂正门口、贺兰堂西侧、芝兰苑南侧有栽培。

---

*： 1 2 3 4 5 6 7 8 9 10 11 12（月份）

叶 🍃、花 🌸、果 ● 期示意图（空白表示落叶）

此图表示银杏叶期 3 月—10 月，花期 3 月—4 月，果期 9 月—10 月。

樟子松

Pinus sylvestris var. mongolica | Mongolian Scotch Pine

◎ 松科　松属

形态特征： 常绿乔木①；树干下部的树皮灰褐色或黑褐色①，鳞状深裂；冬芽淡黄褐色，有树脂；针叶2针一束，硬直，稍扁，微扭曲②上；叶鞘宿存，黑褐色；幼果下垂③；球果鳞盾长菱形，常肥厚隆起，向后反曲④，鳞脐凸起有短刺。

物种档案： 樟子松是欧洲赤松（*Pinus sylvestris*）的变种，原产于欧洲，中国有栽培。樟子松抗严寒、耐干旱、适应性强、生长快，是防风固沙、园林绿化的优良树种之一。位于内蒙古自治区呼伦贝尔市鄂温克族自治旗有红花尔基樟子松林国家级自然保护区。

校园分布： 榆中校区院士林有栽培。

✳ 识别要点： 油松针叶长10~15 cm，树干上部树皮红褐色；樟子松针叶长4~9 cm，叶略扭曲，树干上部树皮黄色至黄褐色。

华山松　五叶松

Pinus armandii | Armand Pine

◎ 松科　松属

形态特征： 常绿乔木①；一年生枝绿色或灰绿色；冬芽褐色，微具树脂；针叶5针一束②③，较粗硬；叶鞘早落；球果圆锥状长卵形，熟时种鳞张开，种子脱落；种鳞的鳞盾无毛，鳞脐顶生，先端不反曲或微反曲。

名称溯源： 华山松的种加词 *armandii* 是为了纪念法国神父和博物学家 Armand David，他是第一个把该物种引入欧洲的人。

人文掌故： 《山海经·卷二·西山经》云："华山之首，曰钱来之山，其上多松。"

物种档案： 模式标本采自陕西秦岭。华山松速生、材质良，可作为造林树种，其种子是主要的食用"松子"。

校园分布： 榆中校区小花园、院士林有栽培。

白皮松　三针松

Pinus bungeana | Lacebark Pine

◎ 松科　松属

形态特征： 常绿乔木[1]；树皮灰绿色或灰褐色[4]，内皮白色，裂片成不规则薄片脱落；冬芽红褐色，无树脂；针叶 3 针一束[3]，粗硬，叶鞘早落；雄球花卵圆形或椭圆形[2]；球果常单生，卵圆形[3]；种鳞先端厚，鳞盾多为菱形；鳞脐生于鳞盾的中央，具刺尖。

物种档案： 我国特有树种，模式标本采自北京。白皮松在气候温凉、土层深厚肥润的钙质土和黄土上生长良好。白皮松的木材可供房屋建筑、家具等用材；树皮白色或褐白相间，极为美观，为优良的庭园树种。甘肃省两当县灵官峡白皮松自然保护区有亚洲面积最大的白皮松纯林。

校园分布： 盘旋路校区钟灵园、榆中校区院士林有栽培。

青海云杉

Picea crassifolia | Thickleaf Spruce

◎ 松科　云杉属

形态特征： 常绿乔木[1]；树冠塔形[1]；小枝基部宿存芽鳞的先端常反曲[2]；叶在枝上螺旋状着生，四棱状条形[2]，先端钝[右]；有树脂；球果圆柱形[3]，单生于侧枝顶端，下垂；种鳞幼时紫红色，熟时背部变绿，上部边缘仍呈紫红色[3]，熟后褐色。

名称溯源： 青海云杉以青海都兰县采集的标本命名。

物种档案： 我国特有树种，是祁连山区的主要建群种。云杉属全球约有 40 种，分布于北半球，我国有 16 种 9 变种。

校园分布： 盘旋路校区钟灵园、榆中校区有栽培。

相 似 种： 云杉（_Picea asperata_）乔木[5]；一年生枝基部宿存芽鳞反曲；冬芽圆锥形，有树脂；叶四棱状条形，先端微尖或急尖[4左]，四面有粉白色气孔线[4左]，上两面各有 4~8 条，下两面各有 4~6 条；球果上端渐窄，熟前绿色，熟时淡褐色或褐色。盘旋路校区网球场附近有栽培。

❋ **识别要点：** 青海云杉叶先端钝；云杉叶先端渐尖、锐尖或微急尖。

青扦　细叶云杉

Picea wilsonii | Wilson Spruce

◎ 松科　云杉属

形态特征： 常绿乔木[1]；枝条近平展，树冠塔形[1]；冬芽卵圆形，无树脂，芽鳞淡黄褐色或褐色，小枝基部宿存芽鳞，其先端紧贴小枝[2]；叶排列较密，四棱状条形[2]；球果单生侧枝顶端，下垂[3]；成熟前绿色，熟时黄褐色或淡褐色[3]。

名称溯源： 青扦的种加词 *wilsonii* 来源于 20 世纪初著名植物采集者 Ernest Henry Wilson（1876 — 1930）的姓氏。

物种档案： 我国特有树种。模式标本采自湖北省房县。青扦的适应性较强，是国产云杉属中分布较广的树种之一，是兰州市榆中县兴隆山景区的主要针叶树种。

校园分布： 盘旋路校区钟灵园、榆中校区小花园有栽培。

雪松

Cedrus deodara | Himalayan Cedar

◎ 松科　雪松属

形态特征： 常绿乔木[1]；大枝平展[1]；小枝微下垂[1]，有长枝与短枝[4]；叶在长枝上螺旋状散生，在短枝上簇生[4]；叶针形[2][3][4]；雌雄同株；雄球花近黄色[2]，当年秋季成熟；雌球花初为紫红色，后呈淡绿色[3]；球果翌年成熟，直立，近卵球形至卵圆形[3]。

名称溯源： 雪松的种加词 *deodara* 意为神树（wood of the gods）。

物种档案： 模式标本采自喜马拉雅山区西部。雪松终年常绿，树形美观，与南洋杉、金钱松并称为世界三大庭院树种。雪松是巴基斯坦的国树。雪松属有 4 种，中国有 1 种。

校园分布： 盘旋路校区正门口、钟灵园、榆中校区将军苑有栽培。

华北落叶松

Larix gmelinii var. principis-rupprechtii | Prince Rupprecht Larch

◎ 松科　落叶松属

形态特征： 落叶乔木[①]；枝平展[①]；叶窄条形[②③]；球果长卵圆形[②③]；种鳞背面光滑无毛，边缘不反曲[③]；苞鳞暗紫色[③]，近带状矩圆形，中肋延长成尾状尖头，仅球果基部苞鳞的先端露出[③]；种子斜倒卵状椭圆形。

系统变化： 华北落叶松在《中国植物志》中为 *Larix principis-rupprechtii*，在 *Flora of China* 中为落叶松（*Larix gmelinii*）的一个变种。

名称溯源： 华北落叶松的种加词 *gmelinii* 来源于人名 Johann Georg Gmelin（1709 — 1755），其为 18 世纪德国博物学家、植物学家和地理学家。马鞭草科石梓属（*Gmelina*）也是以他的名字命名的。

物种档案： 我国特有树种。模式标本采自山西五台山。

校园分布： 榆中校区南区种质资源库有栽培。

水杉

Metasequoia glyptostroboides | Water Larch

◎ 杉科　水杉属

形态特征： 落叶乔木[①]；小枝对生，下垂，具长枝与脱落性短枝[②③]；叶对生[③]，2 列，羽状，条形，扁平；雌雄同株；球果下垂，近球形，微具四棱；种鳞木质，熟后深褐色，宿存；种子倒卵形，扁平。

名称溯源： 水杉的属名为 *Metasequoia*，meta 为变化之意，*Sequoia* 为北美红杉的属名，说明水杉与北美红杉有亲缘关系；种加词 *glyptostroboides* 意为像水松的，因为水杉最初被认为是一种水松。

物种档案： 水杉是中国植物学的奠基人胡先骕（1894 — 1968）命名的一个新属、新种，被视为是植物学界的重大发现，由此奠定了中国植物分类学在世界上的地位。水杉是第一批被列为国家一级保护植物的稀有种类。在欧洲、北美和东亚，从晚白垩世至始新世的地层中均发现过水杉化石，约在 250 万年前的冰期以后，水杉属几乎全部绝迹，仅存水杉一种，分布于湖北、重庆、湖南三省交界的局部地区，因此水杉有植物王国的"活化石"之称。

校园分布： 盘旋路校区钟灵园、榆中校区院士林有栽培。

圆柏

Juniperus chinensis | Chinese Juniper

◎ 柏科　刺柏属

形态特征： 高大或小型乔木①；幼树形成尖塔形树冠，老树则下部大枝平展，形成广圆形的树冠①；叶二型，刺叶及鳞叶②；刺叶生于幼树之上，老龄树则全为鳞叶，壮龄树兼有刺叶与鳞叶；雌雄异株；雄球花黄色③；球果近圆球形，两年成熟，有 1~4 粒种子。

系统变化： 刺柏属（*Juniperus*）于 1753 年由林奈命名，圆柏属（*Sabina*）于1754 年由英国人 Miller 命名。圆柏在《中国植物志》中属于圆柏属，in *Flora of China* 中并入刺柏属。

人文掌故： 唐代杜甫《古柏行》中有："孔明庙前有老柏，柯如青铜根如石。"

物种档案： 由于柏树四季常青，又长寿耐久，所以古人将其看作是忠贞稳健的象征，常将其栽种于庙宇或宫殿的周围。

校园分布： 各校区广泛栽培。

垂枝圆柏

Juniperus chinensis f. ***pendula*** | Pendentbranch Chinese Juniper

◎ 柏科　刺柏属

形态特征： 圆柏的栽培变型①，小枝开展而显著下垂②。

校园分布： 盘旋路校区广场、医学校区明道楼附近有栽培。

圆柏其他的栽培品种：

（1）塔柏（*Juniperus chinensis* 'Pyramidalis'），又名蜀桧。树冠幼时为锥状③，大树则为尖塔形。各校区广泛栽培。

（2）龙柏（*Juniperus chinensis* 'Kaizuka'）树冠圆柱状或柱状塔形④；枝条向上直展，常有扭转上升之势④，鳞叶排列紧密。各校区零星栽培。

（3）球柏（*Juniperus chinensis* 'Globosa'）矮型丛生圆球形灌木⑤，枝密生。榆中校区南区有栽培。

（4）匍地龙柏（*Juniperus chinensis* 'Kaizuka Procumbens'）植株无直立主干，枝就地平展⑥。盘旋路校区丹桂苑南侧、榆中校区南区种质资源库有栽培。

祁连圆柏

Juniperus przewalskii | Przewalsk Juniper

◎ 柏科　刺柏属

形态特征： 乔木，稀灌木状[1]；树干直或略扭[1]，树皮灰色或灰褐色，裂成条片脱落；小枝不下垂；叶有刺叶与鳞叶，鳞叶交互对生[2]，排列较疏，菱状卵形，上部渐狭，先端尖，背面多被蜡粉；雌雄同株；雄球花卵圆形；球果卵圆形[2]，熟后蓝褐色，具一粒种子。

名称溯源： 祁连圆柏的种加词 *przewalskii* 来源于人名 Nikolai Mikhaylovich Przhevalsky（1839—1888），其为沙俄时代的一位军官、地理学家和探险家。茄科马尿泡属（*Przewalskii*）、麻黄科膜果麻黄（*Ephedra przewalskii*）、紫葳科黄花角蒿（*Incarvillea sinensis* var. *przewalskii*）等都以他的名字命名。

校园分布： 榆中校区种质资源库有栽培。

粉柏

Juniperus squamata 'Meyeri' | Meyer Single-seed Juniper

◎ 柏科　刺柏属

形态特征： 灌木[1]，高 1~3 m；树皮褐灰色[2]；枝条斜伸或平展，枝皮暗褐色或微带黄色，裂成不规则薄片脱落[2]；小枝直或弧状弯曲，下垂或伸展；叶全为刺形[3]，条状披针形；三叶交叉轮生，基部下延生长，先端渐尖，叶片上下两面被白粉[3]；雄球花卵圆形，雄蕊4~7 对；球果卵圆形或近球形，成熟前绿色或黄绿色，熟后黑色或蓝黑色[3]，稍有光泽，内有种子1 粒。

物种档案： 粉柏为栽培植物，是高山柏（*Juniperus squamata*）的栽培品种，与高山柏的区别在于叶的上下两面均被白粉。在 20 世纪 60—70 年代，一些专著中称该植物为"翠柏"，郑万钧先生新拟中文名"粉柏"，将其视为山柏的变种（*Sabina lemeeana* var. *meyeri*），后来粉柏被确认为栽培植物。

校园分布： 榆中校区校医院内有栽培。

侧柏

Platycladus orientalis | Chinese Arborvitae

◎ 柏科　侧柏属

形态特征： 乔木①；小枝扁平，排成一平面②；叶鳞形②；雄球花黄色，卵圆形②；雌球花近球形，蓝绿色，被白粉；球果近卵圆形，成熟前近肉质，蓝绿色，被白粉，成熟后木质，开裂，红褐色③；种鳞4对③。

名称溯源： 侧柏的属名 *Platycladus* 指扁平而宽阔的枝条。

人文掌故： 陕西黄陵轩辕庙中的"黄陵古柏"，又叫"轩辕柏"。轩辕柏为侧柏，相传为轩辕黄帝亲手所植，有5 000余年的历史，被誉为"世界柏树之父"。

物种档案： 侧柏可种植于行道、亭园、大门两侧、路边花坛，小苗可作绿篱。

校园分布： 各校区广泛栽培。

栽培品种： 千头柏（*Platycladus orientalis* 'Sieboldii'）丛生灌木，无主干④；枝密，上伸；树冠卵圆形或球形④。医学校区、兰州大学一分部、榆中校区零星栽培。

粗榧

Cephalotaxus sinensis | Chinese Plumyew

◎ 三尖杉科　粗榧属

形态特征： 灌木或小乔木①；叶条形，排列成两列①②③④；雄球花6~7聚生成头状，基部及总梗上有多数苞片②；雌球花卵圆形，基部有1枚苞片；雄蕊4~11枚，花丝短，花药2~4个；种子通常2~5个着生于轴上③④，顶端中央有一小尖头。

名称溯源： 粗榧的属名 *Cephalotaxus* 来源于希腊语 kephale 和 taxus，分别指的是"头"和"红豆杉属"，指该属植物叶子像红豆杉而雌球花头状；种加词 *sinensis* 是中国的意思。

物种档案： 我国特有植物。粗榧属又称三尖杉属，有7种2变种，我国产6种2变种。

校园分布： 榆中校区南区种质资源库有栽培。

红豆杉

Taxus wallichiana var. chinensis | Chinese Yew

◎ 红豆杉科　红豆杉属

形态特征： 乔木[1]；大枝开展；冬芽黄褐色、淡褐色或红褐色，有光泽；叶排列成两列，条形[2][3]，微弯或较直，上面深绿色，有光泽，下面淡黄绿色[3]；种子生于杯状红色肉质的假种皮中。

系统变化： 红豆杉在《中国植物志》中为 *Taxus chinensis*，在 *Flora of China* 中为西藏红豆杉（*Taxus wallichiana*）的变种。

物种档案： 我国特有植物。从红豆杉的树皮中分离出来的紫杉醇是抗乳腺癌和卵巢癌的有效药物。2008 年国际植物园保护联盟（Botanic Gardens Conservation International, BGCI）把该属所有物种列入濒危的 400 种药用植物名录。红豆杉属约 11 种，我国有 4 种 1 变种。

校园分布： 榆中校区南区种质资源库有栽培。

❋ **识别要点：** 粗榧种子核果状，全部包于肉质假种皮中；红豆杉种子坚果状，半包于杯状肉质假种皮中。

草麻黄

Ephedra sinica | Chinese Ephedra

◎ 麻黄科　麻黄属

形态特征： 草本状灌木[1]；小枝直伸或微曲[1][2]；叶 2 裂；雄球花多成复穗状[1]，苞片通常 4 对，雄蕊 7~8，花丝合生；雌球花单生，在幼枝上顶生，在老枝上腋生，苞片 4 对；雌花 2，成熟时苞片肉质红色。

物种档案： 麻黄碱即麻黄素，可用于治疗支气管哮喘、感冒、过敏反应等症状。草麻黄是我国提制麻黄碱的主要植物。

校园分布： 榆中校区萃英山有野生。

相似种 1： 中麻黄（*Ephedra intermedia*）小灌木[3]；绿色小枝常被白粉而呈灰绿色[3]；叶 3（2）裂，2/3 以下合生；雌球花 2~3 成簇，对生或轮生于节上，苞片 3~5；成熟时苞片增大成肉质红色。榆中校区南区种质资源库有栽培。

相似种 2： 膜果麻黄（*Ephedra przewalskii*）灌木；小枝假轮生状[4]；叶常 3 裂并有少数 2 裂混生；雄球花苞片 3~4 轮，膜质；雌球花苞片 4~5 轮，常每轮 3 片，干燥膜质[4]。榆中校区南区种质资源库有栽培。

❋ **识别要点：** 膜果麻黄雌球花的苞片为干燥膜质，草麻黄和中麻黄的苞片为肉质；草麻黄草本状，叶 2 裂，中麻黄灌木状，叶 2~3 裂。

被子植物

Angiospermae

玉兰 白玉兰、木兰花

Yulania denudata | Yulan Magnolia

◎ 木兰科 玉兰属

形态特征： 落叶乔木[1]；枝开展形成宽阔的树冠[1]；叶倒卵形或宽倒卵形[4]，先端宽圆或稍凹，具短突尖，中部以下渐狭成楔形；花蕾卵圆形，花先叶开放[1]，芳香；花被片 9，白色[1][2]，基部常带粉红色；雄蕊多数[3]；雌蕊群淡绿色[3]；聚合果圆柱形。

系统变化： 玉兰在《中国植物志》中属于木兰属（*Magnolia*），在 *Flora of China* 中属于玉兰属（*Yulania*）。

人文掌故： 民间传统的宅院配植中讲究"玉棠春富贵"，其意为吉祥如意、富有和权势。所谓玉即玉兰、棠即海棠、春即迎春、富为牡丹、贵乃桂花。

物种档案： 玉兰的花是上海市花。玉兰与一般所说的"玉兰花"不同，"玉兰花"一般指木兰科含笑属的白兰（*Michelia × alba*），两者为不同种不同属的植物。

校园分布： 盘旋路校区钟灵园、医学校区有栽培。

二乔玉兰 二乔木兰

Yulania × soulangeana | Saucer Magnolia

◎ 木兰科 玉兰属

形态特征： 小乔木[1]；叶纸质，倒卵形[1]，2/3 以下渐狭成楔形，侧脉每边 7~9 条；花蕾卵圆形，花先叶开放，浅红色至深红色[1][2][3][4]，花被片 6~9[4]，外轮 3 片花被片常较短，约为内轮长的 2/3；花药侧向开裂；雌蕊群圆柱形；聚合蓇葖果卵圆形或倒卵圆形，熟时黑色；种子深褐色。

物种档案： 二乔玉兰由法国人 Étienne Soulange-Bodin 于 1820 年在巴黎皇家园艺学院培育成功，其母本和父本分别为玉兰（*Yulania denudata*）和紫玉兰（*Yulania liliiflora*）。花朵颜色介于两亲本之间，花被片外面上端为白色，基部呈紫色，花内面白色。

校园分布： 盘旋路校区钟灵园有栽培。

✳ **识别要点：** 二乔玉兰先花后叶，外轮花被片不带绿色；紫玉兰花叶同开或稍后开放，外轮花被片带绿色，早落。

马蔺   马莲花、马兰花、白花马蔺

Iris lactea | Chinese Iris

◎ 鸢尾科　鸢尾属

形态特征： 多年生草本③；叶基生，坚韧，条形或狭剑形③；苞片 3～5 枚，内包含 2～4 朵花；花为浅蓝色、蓝色①③；外轮花被有较深色的条纹，无附属物①；内轮花被 3 片直立①③；花药黄色；花柱分枝 3，花瓣状，顶端 2 裂；蒴果具纵肋 6 条，有尖喙②。

系统变化： 马蔺在《中国植物志》中为 *Iris lactea* var. *chinensis*、在 *Flora of China* 中归并为 *Iris lactea*。

名称溯源： 马蔺的属名 *Iris* 在希腊语中指彩虹；种加词 *lactea* 意为奶油色。

物种档案： 马蔺耐盐碱、耐践踏，根系发达，可用于水土保持和改良盐碱土；叶在冬季可作牛、羊、骆驼的饲料，并可供造纸及编织用。鸢尾属约 300 种，我国约产 60 种 13 变种及 5 变型。

校园分布： 榆中校区隆基大道、萃英山分布。

粗根鸢尾

Iris tigridia | Thickroot Iris

◎ 鸢尾科　鸢尾属

形态特征： 多年生草本①；植株基部常有大量老叶叶鞘残留的纤维①；须根肉质，黄白色或黄褐色；叶狭条形①；苞片 2 枚，黄绿色，膜质，内包含有 1 朵花①；花蓝紫色①②，外花被裂片有紫褐色及白色的斑纹②，中脉上有黄色须毛状的附属物②；蒴果卵圆形或椭圆形。

校园分布： 榆中校区萃英山有分布。

相 似 种： 细叶鸢尾（*Iris tenuifolia*）密丛草本③④；植株基部宿存老叶叶鞘；叶丝状或线形③④；花茎短，不伸出地面；苞片 4，膜质，披针形，包 2～3 花；花蓝紫色③④；外花被裂片匙形，无附属物④；内花被裂片倒披针形④；花柱分枝扁平，顶端裂片窄三角形，子房细圆柱形；蒴果有短喙。榆中校区萃英山有分布。

✱ **识别要点：** 粗根鸢尾的外轮花被片有须毛状突起，细叶鸢尾的外轮花被片无附属物。

鸢尾

Iris tectorum | Roof Iris

◎ 鸢尾科　鸢尾属

形态特征： 多年生草本[1]；植株基部有老叶残留的膜质叶鞘及纤维；叶宽剑形[1]；苞片 2~3 枚，草质，内包含有 1~2 朵花[1]；花蓝紫色[1][2]，外花被裂片顶端微凹，中脉上有不规则的鸡冠状附属物[2]；花柱分枝扁平，淡蓝色；蒴果长椭圆形或倒卵形。

物种档案： 鸢尾久经栽培，是重要的观赏花卉。

校园分布： 各校区广泛栽培。

相似种： 德国鸢尾（*Iris germanica*）多年生草本；叶剑形；花茎有 1~3 枚茎生叶；苞片 3 枚，绿色，有时略带红紫色，内包含有 1~2 朵花[3]；花色因栽培品种而异，多为淡紫色、蓝紫色或白色[3][4]，有香味；外花被裂片顶端下垂，中脉上密生黄色的须毛状附属物[3][4]；花柱分枝淡蓝色或白色。德国鸢尾原产于欧洲，是鸢尾属的模式种，花朵硕大，色彩鲜艳，园艺品种繁多，花色丰富。盘旋路校区积石堂前有栽培。

✳ **识别要点：** 鸢尾的外轮花被片有鸡冠状突起，德国鸢尾的外轮花被片有须毛状突起。

萱草

Hemerocallis fulva | Orange Daylily

◎ 黄脂木科　萱草属

形态特征： 草本；叶基生，条形；花 6~12 朵或更多；花橘红色[1][2][3]；花裂片 6，两轮[1][2][3]；内轮中部具褐红色的色带[1][2][3]；盛开时裂片反曲，雄蕊伸出，上弯，比花被裂片短[1][2][3]；花柱伸出，上弯，比雄蕊长[1][2][3]；蒴果矩圆形。

系统变化： 萱草属在《中国植物志》和 *Flora of China* 中属于百合科，APG Ⅲ 系统将萱草科、独尾草科并入黄脂木科。黄脂木科又称刺叶树科，原只有刺叶树属。

名称溯源： 萱草的属名 *Hemerocallis* 来源于希腊语，hemero 意为白天，callis 意为美丽，指花的开放时间短暂；种加词 *fulva* 意为黄色的。

人文掌故： 萱草称为忘忧草，《诗经·卫风·伯兮》"焉得谖草，言树之背"中的"谖草"就是萱草，有忘忧的涵义。白居易在《酬梦得比萱草见赠》中说："杜康能散闷，萱草解忘忧。"《花镜》中还首次记载了重瓣萱草，并指出它的花有毒，不可食用。

物种档案： 我国广泛栽培，也有野生的。萱草属约 14 种，我国有 11 种。

校园分布： 盘旋路校区钟灵园、榆中校区视野广场有栽培。

黄花菜　金针菜

Hemerocallis citrina | Citron Daylily

◎ 黄脂木科　萱草属

形态特征： 草本[1][2][3]；具短的根状茎和肉质肥大的纺锤状块根；叶基生，排成两列，条形[3]；花柠檬黄色[1][2]，具淡的清香味；花裂片 6，两轮[1][2]；雄蕊伸出，上弯[1][2]；花柱伸出，上弯，略比雄蕊长[1][2]。

名称溯源： 黄花菜的种加词 *citrina* 指花色似柠檬的。

人文掌故： 苏轼有诗云："莫道农家无宝玉，遍地黄花是金针"。

物种档案： 花可食用，经过蒸、晒、加工成干菜，即金针菜。黄花菜的根可以酿酒；叶可以造纸和编织草垫；花葶干后可以做纸煤和燃料。黄花菜由于长期栽培，品种很多。

校园分布： 盘旋路校区钟灵园、榆中校区视野广场附近有栽培。

韭

Allium tuberosum | Tuber Onion

◎ 石蒜科　葱属

形态特征： 草本[1]；鳞茎簇生，近圆柱状；鳞茎外皮暗黄色至黄褐色，破裂成纤维状，呈网状或近网状；叶条形[1]，扁平，实心；花葶圆柱状[1]，下部被叶鞘；总苞单侧开裂；伞形花序半球状或近球状[1][2]；花白色[1][2]；花被片常具绿色或黄绿色的中脉；子房倒圆锥状球形。

系统变化： 葱属在《中国植物志》和 *Flora of China* 中属于百合科，APG Ⅲ 系统中并入石蒜科。

物种档案： 韭、葱、蒜、洋葱等都是葱属植物。韭的叶、花葶和花均可作蔬菜食用；种子可入药。韭全国广泛栽培，也有野生植株。葱属约有 500 种，我国有 110 种。

校园分布： 榆中校区有零星栽培。

青甘韭　甘青野韭

Allium przewalskianum | Przewalsk Onion

◎ 石蒜科　葱属

形态特征: 多年生草本[①]；鳞茎数枚聚生，有时基部被以共同的网状鳞茎外皮；叶半圆柱状至圆柱状[①]；花葶圆柱状[①③]，下部被叶鞘；总苞单侧开裂，宿存；伞形花序球状或半球状[①②③④]；花淡红色至深紫红色[①②③④]；花丝为花被片长的 1.5～2 倍[④]；子房球状。

名称溯源: 青甘韭的属名 *Allium* 来源于拉丁文，意为大蒜。

物种档案: 青甘韭是一种野菜，其嫩叶可食用。青甘韭以其红色的网状鳞茎外皮而易于被识别，广泛分布在青藏高原及其周边地区。青甘韭有二倍体和四倍体两种倍型，四倍体比二倍体分布更为广泛。

校园分布: 榆中校区南区种质资源库有栽培。

戈壁天门冬

Asparagus gobicus | Desertliving Asparagus

◎ 天门冬科　天门冬属

形态特征: 半灌木[①]；茎上部通常迥折状，分枝常强烈迥折状[①③]；叶状枝每 3～8 枚成簇[①③]，通常下倾或平展；鳞片状叶基部具短距，无硬刺；花每 1～2 朵腋生[③④]；花梗关节位于近中部或上部[④]；雄花花丝中部以下贴生于花被片上；浆果熟时红色[②]。

名称溯源: 戈壁天门冬的属名 *Asparagus* 来源于希腊语，意为芦笋、幼茎。

物种档案: 戈壁天门冬生于沙地或多沙荒原上。天门冬属约有 300 种，我国有 24 种。该属有一种栽培的药食同源植物芦笋（*Asparagus officinalis*），天冬酰胺是 1806 年从芦笋汁中得到的，是植物源的蛋白质组成成分。

校园分布: 榆中校区萃英山有野生。

大苞黄精

Polygonatum megaphyllum | Largeleaf Solomonseal

◎ 天门冬科　黄精属

形态特征：　多年生草本[1]；根状茎常具瘤状节，呈不规则连珠状或为圆柱形；最初的小苗有 1 枚叶[4]；成长的植株叶互生，窄卵形或卵状椭圆形[1][2]；花序常具 2 花；花序梗顶端有 3~4 叶状苞片[3]；苞片卵形或窄卵形[3]；花被淡绿色[3]；花药与花丝近等长。

系统变化：　黄精属在《中国植物志》和 *Flora of China* 中属于百合科，APG Ⅲ系统中将其并入天门冬科。

名称溯源：　大苞黄精的属名 *Polygonatum* 源于希腊语，意为多个关节，这里指多个根状茎。

物种档案：　黄精属约有 60 多种，我国有 31 种。

校园分布：　盘旋路校区研究生公寓 1 号楼与 2 号楼之间有分布。

凤尾丝兰

Yucca gloriosa | Spanish Dagger

◎ 天门冬科　丝兰属

形态特征：　常绿灌木[1]；茎短或高达 5 m，常分枝；叶线状披针形[2][3]，先端长渐尖，坚硬刺状，全缘，稀具分离的纤维；圆锥花序[1]；花下垂，白色或淡黄白色[1]，顶端常带紫红色，花被片 6；柱头 3 裂；果倒卵状长圆形。

系统变化：　丝兰属在《中国植物志》中属于百合科，*Flora of China* 中未收录，APG Ⅲ 系统中将其并入天门冬科。

名称溯源：　凤尾丝兰的种加词 *gloriosa* 是富丽堂皇的意思。

物种档案：　凤尾丝兰原产北美东部及东南部，我国引种栽培。丝兰属约 40 种，我国引 4 种。

校园分布：　盘旋路校区、榆中校区有零星栽培。

紫萼

Hosta ventricosa | Blue Plantainlily

◎ 天门冬科　玉簪属

			✔	✿	✿	✔	✔	
			✔	✔	✔	●	●	

形态特征： 多年生草本[1][2]；叶基生，卵形至卵圆形[1][2]，具 5~9 对拱形平行的侧脉[1]；花葶具 1 枚膜质的苞片状叶；总状花序[1][2]；花紫色或淡紫色[1][2][3]；花被筒下部细，上部膨大成钟形[1][3]；花被裂片 6；雄蕊着生于花被筒基部，伸出花被筒外[3]；蒴果圆柱形。

系统变化： 玉簪属在《中国植物志》和 *Flora of China* 中属于百合科，APG Ⅲ 系统中将其并入天门冬科。

物种档案： 紫萼在各地常见栽培，供观赏。玉簪属的另外一种植物玉簪（*Hosta plantaginea*）是中国古典庭园中的重要花卉之一。玉簪属约有 40 种，我国有 3 种。

校园分布： 盘旋路校区观云楼南侧有栽培。

紫露草

Tradescantia ohiensis | Common Spiderwort

◎ 鸭跖草科　紫露草属

			✔	✿	✿	✿	✿	
			✔	✔	●	●		

形态特征： 多年生草本；叶线形[1]，基部具叶鞘；花多朵簇生于枝顶，呈伞形[3]，生有 2 个长短不等的苞片；萼片 3 枚，绿色，顶端具一束毛；花瓣 3 枚，蓝紫色[1][2][3]；雄蕊 6 枚，花丝被蓝紫色长毛[1][2]，毛呈念珠状；子房 3 室，每室 2 个胚珠。

名称溯源： 紫露草的属名 *Tradescantia* 来源于英国博物学家 John Tradescant 的姓氏。

物种档案： 紫露草花色鲜艳，花期长，抗逆性强，是很好的观赏植物。紫露草原产于美洲热带地区，中国引种栽培。紫露草对辐射等非常敏感，常用其染色体畸变指示环境污染状况。

校园分布： 盘旋路校区逸夫科学馆东侧有栽培。

白颖薹草

Carex duriuscula* subsp. *rigescens | Rigescent Sedge

◎ 莎草科　薹草属

			🌸	🌸	🌸	🍃	🍃	🍃	🍃
					🌰	🌰	🍂	🍃	🍃

形态特征： 草本[①]；叶短于秆；苞片鳞片状；穗状花序卵形或球形[①②③]；小穗
3~6，密生，雄雌顺序[③]；雌花鳞片锈褐色，具宽白色膜质边缘；
柱头 2；果囊草质，锈色或黄褐色，成熟时稍有光泽；小坚果稍
疏松包于果囊中。

名称溯源： 薹草属（*Carex*）是植物分类学奠基人林奈 1753 年用拉丁植物原
名命名的属。

物种档案： 白颖薹草是寸草（*Carex duriuscula*）的变型。薹草属有 2 000 多种，
我国有近 500 种，薹草属是高山草甸、高山灌丛中的主要植物，
是世界上物种最多的属之一。

校园分布： 榆中校区广泛分布。

相 似 种： 异穗薹草（*Carex heterostachya*）多年生草本；秆三棱柱形，小穗
3~4[④]，上部 1~2 枚雄性，其余小穗雌性[④]；雌花鳞片褐色；柱
头 3；果囊卵形至椭圆形，橙黄色后变褐色。异穗薹草的种加词
heterostachya 意为不同穗（花序）的。盘旋路校区钟灵园、医学
校区精诚楼南侧有分布。

✳ **识别要点：** 白颖薹草小穗 3~6，雌雄同穗；异穗薹草小穗 3~4，雌雄
异穗，上部 1~2 枚雄性，其余小穗雌性。

臭草　肥马草

Melica scabrosa | Rough Melic

◎ 禾本科　臭草属

		🍃	🌸	🌸	🌸	🍃	🍃	🍃	
			🌰	🌰	🍂	🍃			

形态特征： 多年生草本[①]；须根细弱，较稠密；秆丛生[①]，基部密生分蘖，高
20~90 cm；叶鞘闭合近鞘口，常撕裂，光滑或微粗糙，叶舌膜质；
圆锥花序狭窄[①②]，分枝直立或斜上；小穗淡绿色或乳白色[①②]，含
孕性小花 2~4（6）枚，顶端由数个不育外稃集成小球形；颖膜质，
窄披针形，两颖几等长，具 3~5 脉；外稃草质，具 7 条隆起的脉；
内稃倒卵形，短于外稃或与之相等，具 2 脊；雄蕊 3；颖果褐色，
纺锤形，有光泽。

物种档案： 模式标本采自北京。臭草属约 80 种，我国有 25 种 2 变种。

校园分布： 榆中校区广泛分布。

长芒草

Stipa bungeana | Bunge Needlegrass

◎ 禾本科　针茅属

形态特征： 多年生草本[①②③]；秆丛生[①②③]；叶片纵卷似针状[③]；圆锥花序每节有 2~4 细弱分枝；两颖有膜质边缘，有 3~5 脉，先端延伸成细芒；外稃有 5 脉，先端的关节有 1 圈短毛，芒两回膝曲扭转；芒针细发状，长 3~5 cm[③]；内稃与外稃等长，具 2 脉。

名称溯源： 长芒草的种加词 _bungeana_ 来源于俄国著名的西伯利亚、蒙古和中国北部探险家 Alexander Georg von Bunge（1803 — 1890）。

物种档案： 兰州位于黄土丘陵区，其天然植被以干草原和荒漠草原类型为主，主要建群种是长芒草（_Stipa bungeana_）和短花针茅（_Stipa breviflora_）。针茅属约有 200 种，我国有 23 种 6 变种。

校园分布： 榆中校区萃英山及校内空地成片分布。

芨芨草

Achnatherum splendens | Shining Speargrass

◎ 禾本科　芨芨草属

形态特征： 多年生草本[②③]；秆丛生[②③]；叶片坚韧，卷折；圆锥花序开展[①②③]；小穗灰绿色或带紫色[①]，含 1 小花；颖膜质，第一颖较第二颖短 1/3，外稃顶端 2 裂齿；芒自外稃齿间伸出，直立或微曲，但不扭转，易落；内稃 2 脉而无脊。

名称溯源： 芨芨草的属名 _Achnatherum_ 指外稃顶端伸出的长芒，当然许多禾本科植物有芒，可以是外稃顶端，也可以是背部。

物种档案： 芨芨草在早春幼嫩时，为牲畜良好的饲料；秆叶坚韧，长而光滑，是有用的纤维植物，可编织筐、草帘、扫帚等；芨芨草可改良碱地及保持水土。芨芨草属 20 多种，我国有 14 种。

校园分布： 榆中校区零星分布。

醉马草

Achnatherum inebrians | Inebriate Speargrass

◎ 禾本科　芨芨草属

形态特征： 多年生草本[1][2]；秆直立，少数丛生；叶片较硬，卷折；圆锥花序紧缩呈穗状[1][3]；小穗灰绿色，成熟后变为褐铜色或带紫色[3]，含1小花；颖几等长，膜质，具3脉；外稃顶端具2微齿，背部遍生柔毛；3脉，于顶端汇合；芒中部以下稍扭转。

名称溯源： 醉马草的种加词 *inebrians* 指酩酊状的。

物种档案： 模式标本采自贺兰山。醉马草有毒，牲畜误食时，轻则致疾、重则死亡。醉马草的毒性与其内生真菌有关，兰州大学草地农业科技学院南志标院士的科研团队对其做了大量研究，取得了非常显著的成果。

校园分布： 榆中校区有栽培。

无芒雀麦

Bromus inermis | Awnless Bromegrass

◎ 禾本科　雀麦属

形态特征： 多年生草本[1]；具横走根状茎；叶鞘闭合；叶片扁平[1]；圆锥花序较密集，花后开展[1][2]；分枝着生 2~6 小穗，3~5 轮生于主轴各节[1][2]；小穗具 6~12 花[3]；颖具膜质边缘[4]，第一颖 1 脉，第二颖 3 脉；外稃 5~7 脉，先端无芒，钝或浅凹缺；内稃膜质。

名称溯源： 无芒雀麦的属名 *Bromus* 来源于希腊语 bromos，意为食物；种加词 *inermis* 意为无刺的。

物种档案： 无芒雀麦是一种优良的牧草，其叶多茎少，产量大，营养价值高，适口性好。无芒雀麦耐寒旱，耐放牧，适应性强，是建立人工草场和环保固沙的主要草种。雀麦属约有 250 种，我国有 71 种。

校园分布： 榆中校区昆仑堂前广场附近有零星分布。

芒颖大麦草

Hordeum jubatum | Foxtail Barley

◎ 禾本科　大麦属

形态特征： 越年生草本[1][3]；秆丛生，直立或基部稍倾斜，具 3～5 节；叶舌干膜质；穗状花序柔软，绿色或稍带紫色[1][2][3]；三联小穗的颖为弯软细芒状，其小花通常退化为芒状，稀为雄性；中间无柄小穗的颖长 4.5～6.5 cm；外稃披针形，具 5 脉，先端具长达 7 cm 的细芒[1][2][3]。

名称溯源： 芒颖大麦草的属名 *Hordeum* 是拉丁语大麦的原名；种加词 *jubatum* 指鬃毛状颖片。

物种档案： 模式标本采自加拿大。芒颖大麦草原产北美及欧亚大陆的寒温带，生于路旁或田野。大麦草属约 30 种，我国连同栽培种约 15 种。青稞（*Hordeum vulgare* var. *coeleste*）是大麦属的一个栽培种。

校园分布： 榆中校区零星分布。

垂穗披碱草

Elymus nutans | Drooping Wildryegrass

◎ 禾本科　披碱草属

形态特征： 多年生草本[1]；叶片扁平[1]；穗状花序较紧密[2][3]；小穗多少偏于穗轴的一侧，通常曲折而顶端下垂[1][2]，长 5～12 cm，通常每节具 2 小穗；小穗成熟后带紫色[2][3][4]，含 3～4 小花，颖长 4～5 mm，具 1～4 mm 的短芒[4]；外稃具 5 脉。

名称溯源： 垂穗披碱草的属名 *Elymus* 在希腊和罗马词汇中是传说中 Elymians 人的祖先，是西西里岛的原住民；种加词 *nutans* 是下垂的意思。

物种档案： 模式标本采自喜马拉雅地区。垂穗披碱草为优良牧草。

校园分布： 榆中校区南区种质资源库有栽培。

长芒披碱草　　长芒鹅观草

Elymus dolichatherus | Longawn Roegneria

◎ 禾本科　披碱草属

形态特征： 多年生草本；秆直立，常被白粉；穗状花序直立或多少弯曲①；小穗含 3～6 小花②；颖先端渐尖至呈芒状小尖头，具 3～5 脉，边缘膜质（外颖③左；内颖③右）；外稃上半部具明显 5 脉，边脉达于侧齿顶端，芒较细弱，劲直或稍曲折；内稃稍短于外稃，脊仅中部以上粗糙④。

系统变化： 长芒披碱草在《中国植物志》中属于鹅观草属（*Roegneria*），在 *Flora of China* 中鹅观草属并入披碱草属（*Elymus*）。

校园分布： 盘旋路校区钟灵园、榆中校区贺兰堂附近、昆仑堂前广场附近有分布。

❋ **识别要点：** 垂穗披碱草每节有 2 个小穗，长芒披碱草每节有 1 个小穗。

披碱草

Elymus dahuricus | Dahurian Wildrye

◎ 禾本科　披碱草属

形态特征： 多年生草本；秆疏丛，直立，基部膝曲；叶鞘无毛；叶平展，稀内卷，上面粗糙，下面光滑；穗状花序较紧密，直立①③；中部各节具 2 小穗②，近顶端和基部各节具 1 小穗；小穗绿后草黄色，具 3～5 小花；颖披针形或线状披针形，3～5 脉，脉粗糙，先端芒长达 5 mm；外稃披针形，两面密被短小糙毛，上部具 5 脉，芒长 1～2 cm②，粗糙外展；内稃与外稃近等长，先端平截，脊具纤毛，脊间疏被短毛。

物种档案： 披碱草耐旱、耐寒、耐碱、耐风沙，是优质高产的饲草。

校园分布： 榆中校区贺兰堂附近、宁远楼附近有分布。

偃麦草

Elytrigia repens | Quackgrass

◎ 禾木科　偃麦草属

形态特征： 多年生草本，具横走的根状茎；秆直立，光滑无毛，绿色或被白霜，具3~5节，高40~80 cm[1]；叶耳膜质，撕裂或缺；叶片扁平，上面粗糙或疏被柔毛，下面粗糙；穗状花序直立[1][2][3]；小穗单生于穗轴的两侧[2][3]；小穗具5~10小花[4]；颖5~7脉，无毛，有时脉间粗糙，边缘膜质（外颖[5左]；内颖[5右]）；外稃长圆状披针形，5~7脉；内稃短于外稃，具2脊，脊上生短刺毛

物种档案： 偃麦草属的植物为多年生优良牧草，也是改良小麦不可缺少的野生基因库。全世界有50种，我国有10种。

校园分布： 榆中校区昆仑堂前广场附近有分布。

赖草

Leymus secalinus | Common Leymus

◎ 禾本科　赖草属

形态特征： 多年生草本；穗状花序直立[1]；小穗通常2~3（稀1或4）生于每节[2]，含4~7个小花；外稃边缘膜质，背具5脉；内稃与外稃等长，先端常微2裂。

名称溯源： 赖草属是从披碱草属中分出来的，赖草属的属名 *Leymus* 也来源于披碱草属的属名 *Elymus*，只是将披碱草属名的前两个字母换了一下位置而已；种加词 *secalinus* 是野黑麦的意思。

校园分布： 榆中校区广泛分布。

相似种1： 宽穗赖草（*Leymus ovatus*）穗状花序宽1.5~2.5 cm[3]；小穗4枚生于1节[4]，含5~7小花；外稃上部被稀疏而贴生的短刺毛，边缘具纤毛。榆中校区贺兰堂附近、昆仑堂前广场附近、种质资源库等多处有分布。

相似种2： 窄颖赖草（*Leymus angustus*）穗状花序直立[5]；小穗2枚生于1节[6]，很少3枚，含2~3小花；外稃密被柔毛；内稃常稍短于外稃。榆中校区广泛分布。

❋ **识别要点：** 宽穗赖草的穗状花序宽度一般在15 mm以上，外稃边缘具纤毛；赖草和窄颖赖草的穗状花序宽度一般在15 mm以下，外稃边缘无纤毛；赖草小穗3~7花，窄颖赖草小穗2~3花。

冰草

Agropyron cristatum | Crested Wheatgrass

◎ 禾本科　冰草属

形态特征：多年生草本[①]；穗状花序较粗壮[①②③]；小穗紧密平行排列成两行，整齐呈篦齿状[②③]，含（3）5~7小花；颖舟形，脊上连同背部脉间被长柔毛[②]；外稃被有稠密的长柔毛或显著被稀疏柔毛[②]；内稃脊上具短小刺毛。

名称溯源：冰草的属名 *Agropyron* 意为田地中的小麦；种加词 *cristatum* 意思是鸡冠状的，指短粗的穗状花序。

物种档案：冰草为优良牧草，青鲜时马和羊喜食，牛和骆驼也喜食，营养价值很高，是中等催肥饲料。冰草具有匍匐的根状茎，是防沙固坡的良好植物。冰草属约15种，我国有5种4变种及1变型。

校园分布：榆中校区萃英山有分布。

小麦

Triticum aestivum | Common Wheat

◎ 禾本科　小麦属

形态特征：一年生或越年生草本[①]；叶片披针形[①]，穗状花序长 5~10 cm[②]；小穗含 3~9 小花，上部小花常不结实；颖革质，具 5~9 脉，上部具脊，顶端有短尖头；外稃顶端通常具芒[①②]；内稃与外稃等长；颖果顶端具毛。

人文掌故：《天工开物》云："小麦曰来，麦之长也"，说明小麦是外来的作物。《诗经·魏风·硕鼠》云："硕鼠硕鼠，无食我麦。"

物种档案：小麦最早起源于中东的新月沃土地区。六倍体普通小麦由多次杂交形成。10 000 年前二倍体野生一粒小麦（乌拉尔图小麦）与二倍体拟斯卑尔脱山羊草第一次远源杂交，个别杂种染色体加倍形成四倍体野生二粒小麦；8 500 年前，由四倍体野生二粒小麦再与二倍体粗山羊草杂交，经染色体加倍后形成六倍体小麦，后者逐渐驯化为各地栽培的普通小麦。

校园分布：榆中校区南区有栽培。

假苇拂子茅

Calamagrostis pseudophragmites | Falsereed Reedbentgrass

◎ 禾本科 拂子茅属

形态特征： 多年生草本[①]；秆直立，高 40~100 cm；叶舌膜质，长圆形，易撕裂；叶片扁平或内卷，上面及边缘粗糙，下面平滑；圆锥花序开展，长圆状披针形[①②]；第二颖较第一颖短 1/4~1/3；外稃透明膜质，长 2~4 mm，3 脉，先端全缘，稀具微齿；芒自顶端或稍下伸出，细直；基盘的毛等长或稍短于小穗；小穗轴不延伸；雄蕊 3 枚。

名称溯源： 假苇拂子茅的属名 *Calamagrostis* 是苇状剪股颖的意思。

物种档案： 假苇拂子茅可作饲料。假苇拂子茅生命力强，可作为防沙固堤的材料。拂子茅属约有 15 种，我国有 6 种 4 变种。

校园分布： 榆中校区零星分布。

燕麦

Avena sativa | Common Oat

◎ 禾本科 燕麦属

形态特征： 一年生草本；圆锥花序疏松[①②]；灰绿色或略带紫色[①②]；小穗含 2 花；第二颖几与小穗等长；外稃先端微 2 裂；第一小花雄性，仅具 3 枚雄蕊，花药黄色，第一外稃基部的芒可为稃体的 2 倍；第二小花两性，第二外稃先端的芒长 1~2 mm；颖果。

名称溯源： 一般认为"燕麦"之名是因为其果穗长的外稃形似燕子的尾羽。

物种档案： 燕麦在西方食品中主要用来做麦片粥，燕麦还可以酿造啤酒和威士忌，著名的苏格兰威士忌酒中就有用燕麦酿造的。燕麦属全世界约有 25 种，我国有 7 种 2 变种。

校园分布： 榆中校区南区种质资源库有栽培。

鸭茅

Dactylis glomerata | Orchardgrass

◎ 禾本科　鸭茅属

| | | | 🌸 🌸 🌸 🌸 🌿 🌿 | |
| | | | 🌰 🌰 🌰 🌰 🌿 | |

形态特征： 多年生草本[①]；秆直立或基部膝曲，单生或少数丛生，高 40～120 cm；叶鞘通常闭合达中部以上；叶舌薄膜质[⑤]；圆锥花序开展[①②③]，分枝单生或基部者稀孪生，伸展或斜上；小穗多聚集于分枝上部[②]，具 2～5 花，绿或稍带紫色[①②③]；颖中脉稍凸出成脊；外稃背部粗糙或被微毛，第一外稃近等长于小穗；内稃窄，约等长于外稃，具 2 脊，脊具纤毛；雄蕊 3 枚[④]，花柱顶生分离。

物种档案： 鸭茅生长繁茂，含丰富的脂肪、蛋白质，是世界著名的温带多年生禾本科牧草之一。鸭茅属约有 5 种，我国有 1 种和 1 亚种。

校园分布： 榆中校区昆仑堂前广场附近有分布。

黑麦草

Lolium perenne | Perennial Ryegrass

◎ 禾本科　黑麦草属

| | | | 🌿 🌸 🌸 🌸 🌿 🌿 | |
| | | | 🌰 🌰 🌰 🌰 🌿 | |

形态特征： 多年生草本[①]；具细弱的根状茎；秆丛生，高 30～90 cm，具 3～4 节；叶片线形[①]，有时具叶耳；穗状花序直立或稍弯[①②③]；小穗无柄，单生于穗轴各节[②③]；小穗两侧压扁[②③]，有小花 4～20 枚；颖披针形，为小穗长的 1/3，5 脉，边缘窄膜质；外稃 5 脉，基盘明显，无芒或上部小穗具短芒；内稃与外稃等长，两脊生短纤毛。

名称溯源： 黑麦草的属名 *Lolium* 是毒麦的旧称。

物种档案： 黑麦草是各地普遍引种栽培的优良牧草、草坪草。黑麦草属约有 10 种，我国有 7 种，多由国外输入。

校园分布： 榆中校区零星分布。

草地早熟禾

Poa pratensis | Kentucky Bluegrass

◎ 禾本科　早熟禾属

形态特征： 多年生草本①；具发达的匍匐根状茎；叶舌膜质；圆锥花序金字塔形①②；分枝开展，每节3~5枚②，二次分枝，小枝上着生3~6枚小穗；小穗含3~4小花③；第一颖具1脉，第二颖具3脉；外稃膜质，脊与边脉在中部以下密生柔毛，基盘具稠密长绵毛；内稃较短于外稃，脊具小纤毛。

名称溯源： 草地早熟禾的种加词 *pratensis* 意为草原的。

校园分布： 榆中校区广泛分布。

相　似　种： 早熟禾（*Poa annua*）一年生或冬性禾草④；叶鞘中部以下闭合；圆锥花序宽卵形⑤，开展；分枝1~3⑤；小穗具3~5小花⑥；第一颖1脉，第二颖3脉；外稃先端与边缘宽膜质，5脉，脊与边脉下部具柔毛，间脉近基部有柔毛，基盘无绵毛；内稃与外稃近等长，两脊密生丝状毛。榆中校区贺兰堂东侧有分布。

❋ **识别要点：** 草地早熟禾为多年生草本，有匍匐根状茎；早熟禾为一年生草本，无根状茎。

芦竹

Arundo donax | Giant Reed

◎ 禾本科　芦竹属

形态特征： 多年生草本①③；秆高3~6 m，常生分枝；叶鞘长于节间②；叶舌平截，先端具纤毛；叶片扁平①③，上面与边缘微粗糙，基部白色，抱茎；小穗具2~4小花；外稃背面中部以下密生长柔毛，两侧上部具柔毛；内稃长约外稃一半。

名称溯源： 芦竹的属名 *Arundo* 来源于拉丁文，意为芦苇。

物种档案： 芦竹的秆可制成管乐器的簧片；茎纤维长，长宽比值大，纤维素含量高，是优质纸浆和人造丝原料；幼嫩枝叶是牲畜的良好青饲料。芦竹在南方各地庭园有引种栽培。芦竹属有5种，我国有2种。

校园分布： 盘旋路校区家属院有栽培。

芦苇 葭

Phragmites australis | Reed

◎ 禾本科　芦苇属

形态特征： 多年生草本[1]；圆锥花序大型[1][2][3][4]，着生稠密下垂的小穗；小穗含 4 花；颖具 3 脉；第二外稃具 3 脉，两侧密生等长于外稃的丝状柔毛，与无毛的小穗轴相连接处具明显关节，成熟后易自关节上脱落；雄蕊 3，花药黄色。

人文掌故： "蒹葭苍苍，白露为霜。所谓伊人，在水一方。"《诗经·秦风·蒹葭》中的蒹葭说的就是芦苇，其中初生的芦苇称为"葭"，开花前的芦苇称为"芦"，开完花的芦苇称为"苇"。

物种档案： 芦苇为全球广泛分布，在沼泽、低盐、高盐、沙丘等地有不同的生态型。芦苇属有 10 余种，我国有 3 种。

校园分布： 榆中校区有零星分布。

小画眉草

Eragrostis minor | Little Lovegrass

◎ 禾本科　画眉草属

形态特征： 一年生草本[1]；叶片线形[1]；圆锥花序开展而疏松[1][2]，每节一分枝，分枝平展或上举；小穗含 3～16 小花，绿色或深绿色；颖具 1 脉；第一外稃具 3 脉；内稃弯曲，宿存；雄蕊 3 枚；颖果红褐色，近球形。

名称溯源： 小画眉草的属名 *Eragrostis* 来自于希腊语 ero 和 agrostis，分别意为"爱"和"草"。

物种档案： 小画眉草为饲料植物，马、牛、羊均喜食。画眉草属中大多数可以被用来饲养家畜，但埃塞俄比亚画眉草（*Eragrostis tef*）可被住在埃塞俄比亚的多数人食用。画眉草属约有 300 种，我国连同引种共约 29 种 1 变种。

校园分布： 榆中校区南区有分布。

虎尾草

Chloris virgata | Feather Fingergrass

◎ 禾本科　虎尾草属

形态特征： 一年生草本[1]；秆直立或基部膝曲，高 12~75 cm；穗状花序 5 至 10 余枚[2]，指状着生于秆顶，常直立而并拢成毛刷状，成熟时常带紫色[1][2]；小穗含 2 小花；第一小花两性，外稃纸质，3 脉；内稃膜质，略短于外稃；第二小花不孕，仅存外稃；颖果纺锤形，淡黄色。

名称溯源： 虎尾草的属名 *Chloris* 来源于希腊语，意为司花的女神；种加词 *virgata* 在此物种中指帚形的花序。

物种档案： 模式标本采自西印度群岛（安提瓜岛）。虎尾草分布广泛，为各种牲畜食用的牧草。虎尾草属约 50 种，我国产 4 种，引种 1 种。

校园分布： 榆中校区广泛分布。

无芒稗

Echinochloa crusgalli var. *mitis* | Beardless Barnyardgrass

◎ 禾本科　稗属

形态特征： 一年生草本[1]；叶舌缺[4]；叶片扁平，线形[1]；圆锥花序[1][2]；小穗密集在穗轴的一侧[2][3]；第一小花通常中性；外稃草质，上部具 7 脉，顶端无芒或具极短芒，内稃薄膜质；第二外稃顶端具小尖头，尖头上有一圈细毛，包着同质的内稃。

名称溯源： 无芒稗的属名 *Echinochloa* 意为有刺的小草。

物种档案： 无芒稗的原变种为稗（*Echinochloa crusgalli*）。原变种稗生于沼泽，为稻田主要杂草；无芒稗又称为光头稗，为旱地杂草。稗籽可制饴糖、酿酒或作饲料；嫩茎、叶可作青饲料或干草。稗属约 30 种，我国有 9 种 5 变种。

校园分布： 榆中校区零星分布。

梁　粟、小米

Setaria italica | Foxtail Bristlegrass

◎ 禾本科　狗尾草属

形态特征： 一年生草本[3]；叶片条状披针形[1][3]，上面粗糙；柱状圆锥花序下垂[1][2][3]，小穗簇生于缩短的分枝上，基部有刚毛状小枝 1～3 条，成熟时自颖与第一外稃分离而脱落；第一颖长为小穗的 1/3～1/2；第二颖略短于小穗；第二外稃有细点状皱纹。

名称溯源： 梁的属名 *Setaria* 在拉丁语中指具短而硬毛的小穗（谷穗）。

人文掌故： 《诗经·小雅·黄鸟》云："黄鸟黄鸟，无集于桑，无啄我梁。"

物种档案： 梁又称为粟、小米，是中国古代的主要粮食作物。狗尾草属约有 130 种，我国 15 种 3 亚种 5 变种。

校园分布： 榆中校区南区种质资源库有栽培。

狗尾草

Setaria viridis | Green Bristlegrass

◎ 禾本科　狗尾草属

形态特征： 一年生草本[1]；秆直立或基部膝曲；叶片条状披针形[2]；圆锥花序紧密呈柱状[1][2]；小穗含 1～2 小花，基部有刚毛状小枝 1～6 条；第一颖长为小穗的 1/3；第二颖与小穗等长或稍短。

名称溯源： 狗尾草的种加词 *viridis* 意为绿色的。

人文掌故： 狗尾草古代称为"莠"，狼尾草古代称为"稂"。《诗经·小雅·大田》中"不稂不莠"，指的是田中无狗尾草和狼尾草，后来将"稂莠"隐喻为人不成材。

校园分布： 各校区广泛分布。

相似种： 金色狗尾草（*Setaria pumila*）一年生草本[3]；圆锥花序紧密呈圆柱状[3][4]；刚毛金黄色或稍带褐色[3][4]；通常在一簇中仅具一个发育的小穗，第一颖具 3 脉，第二颖具 5～7 脉；第一小花雄性或中性，第一外稃具 5 脉，内稃具 2 脉，通常含 3 枚雄蕊或无；第二小花两性。榆中校区广泛分布。金色狗尾草在《中国植物志》中的学名为 *Setaria glauca*。

❀ **识别要点：** 狗尾草刚毛通常绿色；金色狗尾草刚毛金黄色或稍带褐色。

白草

Pennisetum flaccidum | Flaccid Pennisetum

◎ 禾本科　狼尾草属

形态特征： 多年生草本[1]；具横走根茎；秆直立，单生或丛生，高
20～90 cm[1]；圆锥花序紧密[1][2][3]；刚毛柔软，细弱，灰绿色或紫
色[2][3]；小穗通常单生，含两花；第一小花雄性，第一外稃与小穗
等长，第一内稃透明，膜质或退化；第二小花两性；雄蕊 3；颖
果长圆形。

名称溯源： 白草的属名 *Pennisetum* 指有羽状刚毛。

物种档案： 白草为优良牧草，在《中国植物志》中的学名为 *Pennisetum
centrasiaticum*。狼尾草属中原产非洲的珍珠粟（*Pennisetum
glaucum*）是一种重要的粮食作物，原产非洲的象草（*Pennisetum
purpureum*）在世界各热带和亚热带地区已引种栽培，可作为牧草。
狼尾草属约 140 种，我国有 11 种 2 变种。

校园分布： 榆中校区萃英山有分布。

玉蜀黍　玉米

Zea mays | Corn

◎ 禾本科　玉蜀黍属

形态特征： 一年生高大草本[1]；秆基部各节具气生支柱根；叶片扁平宽大，
线状披针形[1]；顶生雄性圆锥花序大型[1][3]；花药橙黄色[3]；雌花序
被多数宽大的鞘状苞片所包藏[1][2]；外稃及内稃透明膜质，雌蕊具
极长而细弱的线形花柱[1][2]；颖果球形或扁球形。

名称溯源： 玉蜀黍 16 世纪传入中国，最早记载见于明朝嘉靖三十四年成书的
《巩县志》，称其为"玉麦"。嘉靖三十九年《平凉府志》称作"番
麦"和"西天麦"。"玉米"之名最早见于徐光启的《农政全书》。

物种档案： 玉蜀黍原产于中美洲，是印第安人培育的主要粮食作物。玉蜀黍
属仅有玉蜀黍 1 种。

校园分布： 榆中校区附近农田有栽培。

高粱 蜀黍

Sorghum bicolor | Sorghum

◎ 禾本科　高粱属

形态特征： 一年生草本[①]；圆锥花序疏松[①②③]；无柄小穗第二外稃具 2~4 脉，顶端稍 2 裂，自裂齿间伸出一膝曲的芒；雄蕊 3 枚；颖果淡红色至红棕色，顶端微外露；有柄小穗雄性或中性，褐色至暗红棕色。

人文掌故：《本草纲目》记载："蜀黍北地种之，以备粮缺，余及牛马，盖栽培已有四千九百年。"

物种档案： 高粱又名蜀黍，在中国栽培历史悠久。在河南郑州的新石器时代遗址里，就发现过高粱的遗迹。高粱的栽培品种较多，按照性状和用途可分为食用高粱、糖用高粱、帚用高粱等类别。高粱淀粉含量高，酿酒没有其他干扰味道，适合酿造中国白酒。高粱属有 20 余种，我国有 11 种。

校园分布： 榆中校区附近有零星栽培。

白屈菜 土黄连

Chelidonium majus | Celandine

◎ 罂粟科　白屈菜属

形态特征： 多年生草本[①]；植物体有黄色乳汁；基生叶片羽状全裂，2~4 对，具不规则的深裂或浅裂[①]；茎生叶同基生叶，但稍小；伞形花序多花[①②]；花梗幼时被长柔毛，后变无毛；萼片卵圆形；花瓣 4，黄色[①②③]；雄蕊多数；子房线形[③]；花柱柱头 2 裂；蒴果狭圆柱形[④]；种子卵形，暗褐色。

名称溯源： 白屈菜的属名 *Chelidonium* 来源于希腊语，是燕子的意思。

物种档案： 白屈菜含多种生物碱。白屈菜全草入药，有镇痛、止咳、消肿、利尿、解毒的功效。该属仅白屈菜 1 种。

校园分布： 医学校区精诚楼南侧有零星分布。

角茴香

Hypecoum erectum | Horn Fennel

◎ 罂粟科　角茴香属

形态特征： 一年生草本[1]，高 15~30 cm；花茎多，圆柱形，二歧状分枝；基生叶羽状细裂[1]，裂片线形，叶柄基部具鞘；茎生叶同基生叶，较小；花茎多，二歧聚伞花序；苞片钻形；花瓣 4，淡黄色[1][2]，外面 2 枚先端 3 浅裂，内面 2 枚 3 裂至中部以上[2]；雄蕊 4；子房狭圆柱形，柱头 2 深裂，裂片两侧伸展；果长圆柱形，2 瓣裂；种子多数，近四棱形，两面均具十字形的突起。

物种档案： 角茴香全草入药，有清火解热和镇咳的作用；《西藏常用中草药》认为其有解热镇痛、消炎解毒的功效。角茴香属约 15 种，我国有 3 种。

校园分布： 榆中校区萃英山有零星分布。

荷包牡丹

Lamprocapnos spectabilis | Showy Bleedingheart

◎ 罂粟科　荷包牡丹属

形态特征： 直立草本[1]；叶片轮廓三角形，二回三出全裂[1]；总状花序，于花序轴的一侧下垂[1][2][3][4]；外花瓣紫红色至粉红色[1][2][3][4]，下部囊状，内花瓣片略呈匙形，先端圆形部分紫色[4]，背部鸡冠状突起自先端延伸至瓣片基部；柱头顶端 2 裂，基部近箭形；子房狭长圆形。

系统变化： 荷包牡丹在《中国植物志》中属于荷包牡丹属（*Dicentra*），该属在新的研究中分为荷包牡丹属（*Lamprocapnos*）、黄药属（*Ichtyoselmis*）和马裤花属（*Dicentra*）。荷包牡丹在 *Flora of China* 中属于新的荷包牡丹属（*Lamprocapnos*）。

名称溯源： 中文名"荷包牡丹"就源于其花如荷包，叶似牡丹叶，而英文俗名之一"滴血的心"（bleeding heart）也是因其花形似心脏。荷包牡丹的种加词 *spectabilis* 意为艳丽的，说明其花形优美。

物种档案： 荷包牡丹属约有 12 种，我国有 2 种。

校园分布： 榆中校区东区操场附近有栽培。

地丁草

Corydalis bungeana | Bunge Corydalis

◎ 罂粟科　紫堇属

形态特征： 多年生或二年生草本[1]；茎自基部铺散分枝，灰绿色，具棱；叶片三至四回羽状全裂[1][4]，一回裂片 2~3 对，小裂片狭卵形至披针状条形；总状花序[1]；苞片叶状；萼片小，近三角形；花瓣淡紫色[1][2]，内面花瓣顶端深紫色；蒴果狭椭圆形[1][3]，下垂，具 2 列种子。

名称溯源： 地丁草指主根发达肥大，好像钉子钉入地中一样，故名"地丁草"。地丁草的属名 *Corydalis* 来源于希腊语，意为一种具冠毛的云雀，指花冠的距形似云雀。

物种档案： 紫堇属约 428 种，主产于青藏高原和喜马拉雅地带，我国有 298 种。

校园分布： 榆中校区博物馆附近有零星分布。

紫叶小檗　红叶小檗

Berberis thunbergii 'Atropurpurea' | Red Barberry

小檗科　小檗属

形态特征： 落叶灌木[1]；幼枝淡红带绿色，老枝暗红色[1][2]；茎刺单一[2]，偶 3 分叉；叶倒卵形或匙形[1][2][4]；花 2~5 朵组成具总梗的伞形花序[1][2]，或呈簇生状；花黄色[1][2][3]；外萼片带红色[3]；花瓣先端微凹，基部略呈爪状；浆果椭圆形亮鲜红色[4]，无宿存花柱。

名称溯源： 紫叶小檗的种加词 *thunbergii* 源自林奈的学生、瑞典博物学家，也是第一位考察日本的植物学家 Carl Peter Thunberg（1743 — 1828），大约有 240 个物种用他的名字命名。

物种档案： 紫叶小檗是日本小檗（*Berberis thunbergii*）的品种。常栽培于庭园中或路旁作绿化或绿篱。小檗属约 500 种，我国约 200 种。

校园分布： 各校区广泛栽培。

洮河小檗

Berberis haoi | Taohe Barberry

◎ 小檗科　小檗属

形态特征： 落叶灌木[1]，高约 1 m；茎刺单一或三分叉，淡黄色；叶纸质，狭倒卵状披针形或狭椭圆形[1][2]，先端急尖，具 1 刺尖头，全缘；总状花序具 6~10 朵花[2][3]；苞片卵形，先端锐尖；浆果长椭圆形，顶端无宿存花柱，含种子 2 枚。

名称溯源： 洮河小檗的种加词 *haoi* 取自郝景盛（1903 — 1955）之姓，1930 年他在北京大学生物系在读时，和中瑞科学考察团在甘肃采集标本。

物种档案： 模式标本采自甘肃省岷县。小檗属植物根、茎皮是小檗碱的主要来源，也是黄色素的提取原料。

校园分布： 榆中校区南区种质资源库有栽培，仅见一株。

丝叶唐松草

Thalictrum foeniculaceum | Silk Meadowrue

◎ 毛茛科　唐松草属

形态特征： 多年生草本[1]；植株全部无毛；基生叶 2~6，为二至四回三出复叶，小叶狭线形[4]；茎生叶 2~4，似基生叶，渐变小[1]；聚伞花序伞房状[1]；萼片 5 至多数，粉红色或白色[1][2]，椭圆形或狭倒卵形；无花瓣[2]；花药长圆形，有短尖，花丝短；心皮 7~11[3]，花柱短；瘦果纺锤形，有 8~10 条纵肋[3]。

名称溯源： 丝叶唐松草的种加词 *foeniculaceum* 意为似茴香叶的，指细丝状叶片。

物种档案： 模式标本采自北京附近。唐松草属含有木兰碱、小檗碱等苯甲基异喹啉类生物碱。唐松草属约有 200 种，我国约有 67 种。

校园分布： 榆中校区萃英山广泛分布。

贝加尔唐松草

Thalictrum baicalense | Baikal Meadowrue

◎ 毛茛科　唐松草属

形态特征： 多年生草本[1][3]，植株全部无毛；茎中部叶有短柄，三回三出复叶[3]；小叶草质，菱状宽倒卵形或宽菱形[3]，3 浅裂，疏生齿；叶柄基部有狭鞘；托叶狭，膜质；花序上部分枝呈伞房状，或密集呈伞形[1][2]；萼片 4，绿白色，椭圆形，早落；雄蕊（10）15～20[2]，花丝上部窄倒披针形，下部丝状；心皮 3～7[1][2][4]；花柱长 0.5 mm，腹面顶端具近球形小柱头；瘦果卵球形或宽椭圆球形，稍扁，有 8 条纵肋，宿存花柱短[1][2][4]。

物种档案： 贝加尔唐松草根含小檗碱，可代替黄连用。

校园分布： 盘旋路校区排球场东侧，榆中校区学生宿舍楼附近有零星分布。

甘青侧金盏花

Adonis bobroviana | Bobrov Adonis

◎ 毛茛科　侧金盏花属

形态特征： 多年生草本[1]；茎高达 30 cm，常自下部分枝，分枝长，直立或斜展；茎中部以上的叶卵形或狭卵形，二至三回羽状细裂[1]，羽片 3～4 对，末回裂片披针形至线形；萼片 5[3]，淡绿色，带紫色；花瓣 9～13，黄色[1][2][3]；心皮有向外弯的短花柱[4]；瘦果倒卵球形，被短柔毛，宿存花柱短，向下钩伏弯曲[4]。

名称溯源： 甘青侧金盏花的属名 *Adonis* 来源于神话中美神阿多尼斯（Adonis），其为维纳斯（Venus）的恋人。

物种档案： 模式标本采自甘肃。侧金盏花属约 30 种，我国有 10 种。

校园分布： 榆中校区萃英山广泛分布。

小叶铁线莲

Clematis nannophylla | Small Leaf Clematis

◎ 毛茛科　铁线莲属

形态特征： 小灌木①；单叶对生或数叶簇生①②；叶片轮廓近卵形，羽状全裂，有裂片 2~3 或 4 对；花单生或聚伞花序有 3 花①②③④；萼片 4，斜上展呈钟状，黄色①②③④，外面有短柔毛，边缘密生绒毛；瘦果有柔毛，宿存花柱长约 2 cm，有黄色绢状毛。

名称溯源： 汉语中铁线莲可能与枝条像铁丝，花像莲花有关。铁线莲的属名 *Clematis* 在古希腊语中指的是攀缘植物。

物种档案： 模式标本采自甘肃。铁线莲属约 300 种，我国约有 108 种。目前栽培的铁线莲多数是国产的驯化物种。

校园分布： 榆中校区萃英山广泛分布。

甘青铁线莲

Clematis tangutica | Tangut Clematis

◎ 毛茛科　铁线莲属

形态特征： 藤本①；叶为一回羽状复叶①；小叶轮廓狭卵形，常在下部 3 浅裂，边缘有锐牙齿①；聚伞花序具 1~3 花①②；花萼钟形，黄色，萼片 4①②，两面疏生短柔毛；雄蕊多数；心皮多数；瘦果有柔毛③，羽状花柱长达 4 cm。

名称溯源： 甘青铁线莲的种加词 *tangutica* 以采自中国老地名唐古特的标本命名。

物种档案： 甘青铁线莲叶片变异大，叶片顶端由钝到尖，边缘缺刻状锯齿由稀疏到较多，且有中间类型存在。

校园分布： 榆中校区网络中心附近分布。

相 似 种： 黄花铁线莲(*Clematis intricata*)藤本④；叶灰绿色，二回羽状复叶④；羽片通常 2 对，小叶不分裂或下部具 1~2 小裂片，边缘疏生牙齿或全缘④；聚伞花序腋生④，通常具 3 花；花萼钟形，淡黄色，萼片 4⑤；雄蕊多数；瘦果卵形，羽状花柱长达 5 cm。榆中校区零星分布。

✻ **识别要点：** 甘青铁线莲为一回羽状复叶，边缘有锐牙齿；黄花铁线莲为二回羽状复叶，边缘全缘。

二球悬铃木 英国梧桐

Platanus* × *acerifolia | London planetree

◎ 悬铃木科　悬铃木属

形态特征： 落叶大乔木[①]；树皮光滑，大片块状脱落；叶阔卵形，上部掌状 5 裂[④]，有时 7 裂或 3 裂；中央裂片阔三角形[④]，裂片全缘或有 1~2 个粗大锯齿；花通常 4 数；花瓣矩圆形，长为萼片的 2 倍；果枝有头状序序 1~2 个[②③]，稀为 3 个，常下垂[②③]，宿存花柱刺状。

名称溯源： 二球悬铃木别名叫英国梧桐，但因上海法租界首先引入该树种作为行道树，所以在中国多俗称为法国梧桐。二球悬铃木的种加词 *acerifolia* 是枫叶的意思。

物种档案： 二球悬铃木由三球悬铃木（法国梧桐）*Platanus orientalis* 与一球悬铃木（美国梧桐）*Platanus occidentalis* 杂交培育而成。悬铃木属约 11 种，我国引种栽培 3 种。

校园分布： 各校区广泛栽培，医学校区为行道树。

小叶黄杨

Buxus sinica* var. *parvifolia | Littleleaf Chinese Box

◎ 黄杨科　黄杨属

形态特征： 常绿灌木[①]；树皮淡灰褐色；叶对生，倒卵状椭圆形或卵状椭圆形[①②③]，革质，全缘，先端圆或微凹；表面亮绿色[①②③]，背面黄绿色；花单性，雌雄同株；花簇生叶腋或枝端，无花瓣；雄花多朵，生于花序下方，雌花一朵，生于花序顶端[②]；雄花萼片 4，雄蕊 4；雌花萼片 6，子房 3 室，花柱 3[②]，柱头常下延；蒴果卵圆形[②]。

名称溯源： 小叶黄杨的属名 *Buxus* 是黄杨拉丁语原名；种加词 *sinica* 是中国的；变种加词 *parvifolia* 意为小叶的。

物种档案： 小叶黄杨为黄杨（*Buxus sinica*）的变种。黄杨属约有 70 种，我国约 17 种。

校园分布： 各校区广泛栽培。

牡丹

Paeonia suffruticosa | Subshrubby Peony

◎ 芍药科　芍药属

形态特征： 落叶灌木[1]；叶常为二回三出复叶[1]；花单生枝顶[1]；萼片 5；花瓣 5，或为重瓣[1][2][3]，玫瑰、红紫或粉红色至白色[1][2][3]，先端呈不规则的波状；心皮 5[4]，密生柔毛；蓇葖果长圆形[4]，密生黄褐色硬毛。

系统变化： 芍药属在《中国植物志》中属于毛茛科，在 *Flora of China* 和 APG Ⅲ 系统中独立为芍药科。

名称溯源： 牡丹的属名 Paeonia 源自希腊神话药神 Asclepius 的学生 Paeon，后来他被宙斯所救，并化为牡丹花。

人文掌故： 宋代洛阳牡丹最盛，有"洛阳牡丹甲天下"的美誉。

物种档案： 牡丹花被称为"花中之王"，是中国特有的木本名贵花卉。牡丹是中原地区 5 个野生种中原牡丹（*Paeonia cathayana*）、紫斑牡丹（*Paeonia rockii*）、凤丹（*Paeonia ostii*）、卵叶牡丹（*Paeonia qiui*）和矮牡丹（*Paeonia jishanensis*）反复杂交的结果。芍药属约 35 种，我国有 11 种。

校园分布： 各校区广泛栽培。

芍药

Paeonia lactiflora | Peony

◎ 芍药科　芍药属

形态特征： 多年生草本[1]；茎下部叶为二回三出复叶[1]；小叶狭卵形、披针形或椭圆形[1]；花顶生并腋生[1]，苞片 4~5，披针形；萼片 4；花瓣白色或粉红色[1][2][3]，9~13，倒卵形；雄蕊多数[1][2][3]；心皮 4~5[4]，无毛。

人文掌故： 古人在离别的时候，常以芍药相赠，《诗经·郑风·溱洧》中有"维士与女，伊其将谑，赠之以勺药。"

物种档案： 芍药古称勺药，为重要的观赏花卉。芍药在夏商周时期，即被作为观赏植物培育。芍药也是传统的中药，日本和韩国同样用芍药根入药。芍药于 18 世纪中期被引种到英格兰。

校园分布： 各校区广泛栽培。

✳ **识别要点：** 牡丹为灌木，芍药为多年生草本。

山梅花

Philadelphus incanus | Mock Orange

◎ 绣球科　山梅花属

形态特征： 灌木[1]；叶边缘具疏锯齿；总状花序有花 7~11 朵[1]；花萼外面密被紧贴糙伏毛[3]；萼筒钟形，裂片 4[3]；花瓣 4，白色[1][2]；雄蕊 30~35[2]；花柱无毛，近先端稍分裂[3]，柱头棒形；蒴果倒卵形。

名称溯源： 山梅花的属名 *Philadelphus* 来源于古埃及国王的名字；种加词 *incanus* 指花萼被灰白色伏毛。

校园分布： 榆中校区南区种质资源库内有栽培。

相 似 种： 短序山梅花（*Philadelphus brachybotrys*）灌木[4]；叶边缘具疏锯齿或近全缘[5]；总状花序有花 3~5 朵[5]；花萼黄绿色；花瓣白色[4][5]；雄蕊 32~42；花柱纤细，先端稍分裂，柱头槌形；蒴果椭圆形。盘旋路校区天演楼西侧有栽培。

❋ **识别要点：** 山梅花的花序有花 7~11 朵，花萼外面密被毛；短序山梅花的花序有花 3~5 朵，花萼外面无毛。

八宝　八宝景天

Hylotelephium erythrostictum | Garden Stonecrop

◎ 景天科　八宝属

形态特征： 多年生草本[1][2][3]；块根胡萝卜状；茎直立[1]，高 30~70 cm，不分枝；叶对生[2]，少有互生或 3 叶轮生，长圆形至卵状长圆形[1][2]，边缘有疏锯齿；伞房状花序顶生[1][3]；花密生[1][3]；萼片 5；花瓣 5，白色或粉红色[1][3]，宽披针形；雄蕊 10，与花瓣同长或稍短，花药紫色；心皮 5，直立，基部几分离。

名称溯源： 八宝的种加词 *erythrostictum* 指雄蕊花丝和花药红色。

物种档案： 八宝是常见的栽培花卉，有长生不老（live-for-ever）之意。八宝全草药用，有清热解毒、散瘀消肿的功效。八宝属共计 30 种，我国有 13 种。

校园分布： 盘旋路校区学生活动中心附近有栽培。

费菜　土三七、景天三七

Phedimus aizoon | Aizoon Stonecrop

◎ 景天科　费菜属

形态特征： 多年生草本[1][2]；有 1~3 条茎；叶互生[1]，近革质，长披针形至倒披针形[1]，边缘有不整齐的锯齿；聚伞花序有多花[1][2][3]，水平分枝，平展；萼片 5，线形，肉质，不等长，先端钝；花瓣 5，黄色[1][2][3]，长圆形至椭圆状披针形；雄蕊 10；心皮 5[4]；蓇葖果成星芒状排列[4]，几至水平排列。

系统变化： 费菜在《中国植物志》中属于景天属（*Sedum*），在 *Flora of China* 中独立为费菜属（*Phedimus*）。

物种档案： 费菜的根或全草药用，有止血散瘀、安神镇痛的功效。费菜属有 20 种，我国有 8 种。

校园分布： 盘旋路校区和榆中校区有零星栽培。

垂盆草　爬景天、佛甲草

Sedum sarmentosum | Stringy Stonecrop

◎ 景天科　景天属

形态特征： 多年生草本[1]；不育枝及花茎细，匍匐而节上生根，直到花序之下；3 叶轮生，叶倒披针形或长圆形[4]；聚伞花序[1][2]，有 3~5 分枝；萼片 5，披针形至长圆形；花瓣 5，披针形至长圆形，黄色[1][2][3]，先端有稍长的短尖；雄蕊 10；鳞片 10；心皮 5，长圆形，略叉开；种子卵形。

物种档案： 垂盆草是优良的地被植物，同时也是一味中药，全草入药，主要功能有清热解毒，利尿。景天属 470 种左右，主要分布在北半球，一部分分布在南半球的非洲和拉丁美洲，墨西哥种类丰富。

校园分布： 盘旋路校区钟灵园有栽培。

五叶地锦

Parthenocissus quinquefolia | Virginia Creeper

◎ 葡萄科　地锦属

形态特征： 落叶木质藤本[1]；卷须与叶对生[4]，顶端吸盘大；掌状复叶，具 5 小叶[3]；小叶先端尖，基部楔形，缘具齿，叶面暗绿色[3]，叶背稍具白粉并有毛；花瓣 5，黄绿色[2]；聚伞花序集成圆锥状[2]；浆果近球形[3]，熟时蓝黑色、具白粉。

名称溯源： 秋季五叶地锦叶片铺在地上，远远可见一片绯红，盛似"地锦"。五叶地锦的属名 *Parthenocissus* 由希腊词处女和拉丁词常春藤组合而成。

物种档案： 五叶地锦原产北美，秋叶变红，是很好的垂直绿化和地面覆盖材料。地锦属约有 13 种，我国有 10 种。

校园分布： 榆中校区网球场和后市场附近有栽培。

葡萄

Vitis vinifera | Wine Grape

◎ 葡萄科　葡萄属

形态特征： 木质藤本[1]；卷须分枝；叶圆卵形[1][3]，三裂至中部附近，基部心形，边缘有粗齿[1][3]；圆锥花序与叶对生；花杂性异株，小，淡黄绿色；花瓣 5，上部合生呈帽状，早落；雄蕊 5；子房 2 室，每室有 2 胚珠；浆果椭圆状球形或球形[2]，有白粉。

名称溯源： 李时珍在《本草纲目》中写道："葡萄，《汉书》作蒲桃，可造酒，人醄饮之，则醄然而醉，故有是名。"

物种档案： 葡萄原产西亚，最古老的葡萄酒庄发现于亚美尼亚境内。汉代张骞出使西域时，从大宛带来了葡萄及酿酒师。"提子"在中国大部分地区仅指进口的葡萄品种，在传统粤语地区，提子泛指所有种类的葡萄。葡萄属有 60 余种，我国约 38 种。

校园分布： 盘旋路校区家属院有零星栽培。

蒺藜

Tribulus terrestris | Puncturevine Caltrap

◎ 蒺藜科　蒺藜属

形态特征： 一年生或二年生草本；茎平卧[3]；偶数羽状复叶，小叶 3~8 对[2][3]；花腋生，黄色，花瓣 5[2][3]；萼片 5，宿存；雄蕊 10；子房 5 棱，柱头 5 裂，每室 3~4 胚珠；果有分果瓣 5，硬，中部边缘有锐刺 2 枚，下部常有小锐刺 2 枚[1][3]。

名称溯源： 蒺藜的属名 *Tribulus* 指三角钉，为一种武器。

人文掌故： 古代战争中铁蒺藜就是模仿蒺藜的果实而制成，将铁蒺藜撒布在地，用以防御和迟滞敌军的行动。《墨子·备城门》记载，在战国时的城市防御战中，"皆积参石、蒺藜。"

物种档案： 蒺藜全草药用，有壮阳之功效。蒺藜在《中国植物志》中的学名为 *Tribulus terrester*。蒺藜属约 20 种，我国有 2 种。

校园分布： 榆中校区广泛分布。

霸王

Zygophyllum xanthoxylon | Common Beancaper

◎ 蒺藜科　驼蹄瓣属

形态特征： 灌木[1][2][4]；枝弯曲，先端具刺尖；叶在老枝上簇生，幼枝上对生[1][2][4]；小叶 1 对，狭矩圆形或条形[1][2][4]，肉质；花生于老枝叶腋[1][2]；萼片 4；花瓣 4，淡黄色[1][2]；雄蕊 8，长于花瓣；蒴果近球形，具翅[3][4]，常 3 室，每室有 1 种子。

系统变化： 霸王在《中国植物志》中属于霸王属（*Sarcozygium*），在 *Flora of China* 中霸王属并入驼蹄瓣属（*Zygophyllum*）。

名称溯源： 霸王的属名 *Zygophyllum* 指一对小叶。

物种档案： 驼蹄瓣属植物主要分布于干旱、半干旱地区。其同属植物甘肃霸王（*Zygophyllum kansuense*）是我国著名植物分类学家、《中国沙漠植物志》主编刘媖心命名的新种，她是中国植物学科研究的开拓者和奠基人之一刘慎谔的女儿。

校园分布： 榆中校区草业学院实验地有种植。

蝎虎驼蹄瓣　蝎虎霸王、念念

Zygophyllum mucronatum | Gecko Beancaper

◎ 蒺藜科　驼蹄瓣属

形态特征： 多年生草本[1]，高 15~25 cm；茎多数，多分枝、细弱，茎平卧或开展[1]；叶柄及叶轴具翼[1]，翼扁平；小叶 2~3 对，条形或条状矩圆形[1]，顶端具刺尖，基部稍钝；花 1~2 朵腋生[1]；萼片 5[3]，狭倒卵形或矩圆形；花瓣 5，上部近白色，下部橘红色[2][3]，基部渐窄成爪；雄蕊长于花瓣，橘黄色[3]；蒴果披针形[4]，稍具 5 棱，先端渐尖或锐尖，下垂，心皮 5；种子椭圆形或卵形，黄褐色。

物种档案： 我国特有种。模式标本产于内蒙古贺兰山，存于俄罗斯圣彼得堡。

校园分布： 榆中校区萃英山广泛分布。

紫荆

Cercis chinensis | Chinese Redbud

◎ 豆科　紫荆属

形态特征： 灌木[1][2][3]；叶近圆形或三角状圆形[3]，基部浅或深心形；花紫红或粉红色[1]，2~10 余朵成束，簇生于老枝和主干上，尤以主干上花束较多，越到上部幼嫩枝条则花越少；龙骨瓣基部有深紫色斑纹[1]；荚果扁，窄长圆形[2]。

名称溯源： 紫荆的属名 *Cercis* 在希腊语中意为织布梭，指豆荚呈梭形。

人文掌故： 杜甫诗"风吹紫荆树，色与春庭暮"，形容春天紫荆花开的美景。

物种档案： 紫荆是清华大学的校花，在 4 月清华大学校庆日前后盛开。紫荆和香港特别行政区的区花"紫荆花"不是同一种花，香港的区花为洋紫荆（*Bauhinia variegata*），是在香港首先发现并成功培育繁衍的亚热带花卉，是豆科羊蹄甲属植物，不属于紫荆属。1997 年香港主权移交之前，香港基本法出于文字避讳，将"洋"字略去，把区花称为"紫荆花"。紫荆属约 8 种，我国有 5 种。

校园分布： 榆中校区南区种质资源库有栽培。

山皂荚 皂荚树

Gleditsia japonica | Soap Bean

◎ 豆科　皂荚属

形态特征： 落叶乔木[①]；刺略扁，常分枝[④]；叶为一回或二回羽状复叶[①③]，羽片 2~6 对；小叶全缘或具波状疏圆齿[③]，上面网脉不明显；花黄绿色，组成穗状花序[②]；雄花花瓣 4，雄蕊 6~8（9）；雌花萼片和花瓣均为 4~5，不育雄蕊 4~8；荚果带形，扁平，不规则扭旋或弯曲作镰刀状。

名称溯源： 山皂荚的属名 *Gleditsia* 源于柏林植物园主任 Johann Gottlieb Gleditsch（1714－1786），他是率先研究植物性别与生殖的科学家。

物种档案： 山皂荚的荚果含皂素，可代肥皂用以洗涤，并可作染料，种子入药，嫩叶可食。皂荚属约 16 种，我国产 6 种 2 变种。

校园分布： 盘旋路校区排球场西侧和专家楼附近有栽培。

合欢 马缨花

Albizia julibrissin | Silk Tree

◎ 豆科　合欢属

形态特征： 落叶乔木[①]；树冠开展[①]；二回羽状复叶[④]，小叶 10~30 对；头状花序于枝顶排成圆锥花序[①]；花粉红色[①②③]；花萼管状[③]；花丝长 2.5 cm；荚果带状[④]。

名称溯源： 合欢的属名 *Albizia* 来源于意大利博物学家 Filippo del Albizzi，1749 年他把合欢引入欧洲。

人文掌故： 合欢花在中国古代诗歌和绘画中经常出现，以象征爱情，《聊斋志异》中有"门前一树马缨花"的诗句，马缨花指的就是合欢。

物种档案： 合欢生长迅速，能耐砂质土及干燥气候，开花如绒簇，十分美观，常栽培为城市行道树、观赏树；树皮供药用，有驱虫的功效。合欢属约 150 种，我国有 17 种。

校园分布： 榆中校区南区水房附近、医学校区有栽培。

槐 国槐

Sophora japonica | Japanese Pagodatree

豆科 槐属

形态特征： 乔木[1]；羽状复叶；小叶 4~7 对，对生或近互生；圆锥花序顶生[2]；小苞片 2；花冠白色或淡黄色[2][3]，龙骨瓣与翼瓣等长[3]；雄蕊近分离，宿存；荚果串珠状[4]，成熟后不开裂，具种子 1~6 粒。

系统变化： 槐在《中国植物志》和 *Flora of China* 中属于槐属（*Sophora*）。根据最新研究成果，原槐属分为厚果槐属（*Ammothamnus*）、苦参属（*Sophora*）和槐属（*Styphnolobium*）。槐属于新的槐属（*Styphnolobium*）。

名称溯源： 槐原产中国，因此又称"国槐"。林奈命名该种的标本采自日本引进中国的园林种，因此其种加词为 *japonica*。

人文掌故： 史载明朝永乐皇帝迁都北京，当时河北人口稀少，从人口较多的山西移民，在洪洞集结，因此有一民谚"问我老家在何处，山西洪洞大槐树"。成语"芝兰玉树"用来比喻优秀学子，其中"玉树"就是槐的别名，指其绿色透亮的肉质果皮。

校园分布： 各校区作为行道树广泛栽培。

栽培变型： 龙爪槐（*Sophora japonica* f. *pendula*）枝下垂，并向不同方向弯曲盘旋，形似龙爪[5]。盘旋路校区积石堂前、榆中校区昆仑堂前、小花园有栽培。

披针叶野决明 披针叶黄华

Thermopsis lanceolata | Lanceleaf Thermopsis

◎ 豆科 野决明属

形态特征： 多年生草本[1]；茎直立，分枝或单一，具沟棱，被黄白色贴伏或伸展的柔毛；掌状三出复叶[3]；托叶叶状，卵状披针形[3]；小叶狭长圆形、倒披针形[1][3]；总状花序顶生[1][2]，具花 2~6 轮；萼钟形[4]，密被毛，背部稍呈囊状隆起；花冠黄色[1][2]；雄蕊 10[4]，分离；荚果条形[3]，先端具尖喙，被细柔毛，黄褐色，种子 6~14 粒。

名称溯源： 披针叶野决明的种加词 *lanceolata* 是披针形的意思。

物种档案： 披针叶野决明植株有毒，少量供药用，有祛痰止咳功效。野决明属有 25 种，我国有 12 种 1 变种。

校园分布： 榆中校区萃英山广泛分布。

紫穗槐

Amorpha fruticosa | False Indigo

◎ 豆科　紫穗槐属

形态特征： 落叶灌木[1]；叶互生，奇数羽状复叶[3]，有小叶 11～25；小叶上面无毛，下面有白色短柔毛；穗状花序常顶生[1][2]；旗瓣心形，紫色[1][2]，无翼瓣和龙骨瓣；雄蕊 10；荚果下垂，微弯曲，棕褐色[4]，表面有凸起的疣状腺点。

名称溯源： 紫穗槐的属名 *Amorpha* 来源于希腊语 amorphos，意为畸形的，指花冠退化，只剩旗瓣。

物种档案： 紫穗槐原产于美国东北部和东南部，系多年生优良绿肥、蜜源植物，耐贫瘠、耐水湿和轻度盐碱土。枝叶可作绿肥、家畜饲料；枝条可编制篓筐。紫穗槐属约 25 种，我国引种紫穗槐 1 种。

校园分布： 榆中校区萃英山有栽培。

兴安胡枝子　达乌里胡枝子

Lespedeza davurica | Xing'an Bushclover

◎ 豆科　胡枝子属

形态特征： 小灌木；茎单一或数个簇生；羽状复叶具 3 小叶[2]；小叶长圆形或狭长圆形，先端有小刺尖[2]；总状花序腋生[1][3]；花萼 5 深裂，裂片先端长渐尖，成刺芒状[3]；花冠白色或黄白色[1][3]，旗瓣中央稍带紫色；荚果先端有刺尖，包于宿存花萼内。

名称溯源： 兴安是东北、蒙古和苏联交界的地区。兴安胡枝子的属名 *Lespedeza* 是一位西班牙裔美国地方长官 Don Vicente de Céspedes 的名字 "C" 误写为 "L" 的结果。

物种档案： 兴安胡枝子是一种优良牧草，其幼嫩枝条各种家畜均喜食。兴安胡枝子在《中国植物志》中的学名为 *Lespedeza daurica*。胡枝子属 60 余种，我国产 26 种。

校园分布： 榆中校区广泛分布。

百脉根　牛角花、鸟足豆

Lotus corniculatus ｜ Bird's Foot Trefoil

◎ 豆科　百脉根属

			🌸	🌸	🌸	🌸	🌸	🌿	
			🌿	🌿	🌿	🌿	🟤	🟤	

形态特征： 多年生草本[1]；小叶 5 个，其中 2 小叶生叶柄基部呈托叶状，余 3 小叶生叶柄顶端[3]；花 3~4 朵排列成伞形花序[1][2]，具叶状总苞；花冠黄色[1][2]，旗瓣阔卵圆形[1][2]，基部有爪；荚果长圆柱形[3]，膨胀，鲜时紫绿色，干后灰绿色，含多数种子。

名称溯源： 百脉根主根周围有诸多侧根，纤细如血管与毛细血管，故名。果实长圆形，聚生花梗顶端，散开，状如鸟足，故有鸟足豆之称。

物种档案： 百脉根属约 125 种，我国有 8 种 1 变种。

校园分布： 榆中校区零星分布。

绣球小冠花　小冠花

Coronilla varia ｜ Crown Vetch

◎ 豆科　小冠花属

		🌿	🌿	🌸	🌸	🌿	🌿		
		🌿	🌿	🌿	🌿	🟤	🟤		

形态特征： 多年生草本[1]；奇数羽状复叶[1][2]，具小叶 11~17；伞形花序腋生[1][2][3]；花 5~10 朵，密集排列成绣球状[1][2][3]，苞片 2；小苞片 2，宿存；花冠紫色、淡红色或白色[1][2][3]，有明显紫色条纹，龙骨瓣先端成喙状，喙紫黑色，向内弯曲；荚果细长圆柱形，先端有宿存的喙状花柱[4]。

名称溯源： 绣球小冠花的属名 *Coronilla* 是小王冠的意思；种加词 *varia* 是变化的、多变的意思。

物种档案： 绣球小冠花原产于欧洲地中海地区。小冠花属约 20 种，我国栽培 2 种。

校园分布： 盘旋路校区航秀湖北侧、榆中校区干旱室附近和草地农业科技学院实验室附近有栽培。

刺槐　洋槐

Robinia pseudoacacia | Black Locust

◎ 豆科　刺槐属

形态特征： 落叶乔木[1]；具托叶刺[2]；羽状复叶[3]，小叶 2～12 对；总状花序腋生，下垂[3]；萼齿 5；花冠白色[3]，翼瓣与旗瓣几等长，龙骨瓣与翼瓣等长或稍短；二体雄蕊；子房线形；荚果线状长圆形；种子褐色至黑褐色，微具光泽。

名称溯源： 刺槐的属名 *Robinia* 来源于法国皇家园艺师傅 Jean Robin 和儿子 Vespasien Robin，他们于 1601 年把刺槐引入欧洲。

物种档案： 刺槐原产于北美，我国于 18 世纪末从欧洲引入青岛栽培，现全国各地广泛栽植。刺槐的根系浅而发达，适应性强，为优良固沙保土树种；刺槐花可以食用，也能入药。刺槐属约 20 种，我国栽培 2 种 2 变种。

校园分布： 各校区广泛栽培。

香花槐　红花刺槐

***Robinia* × *ambigua* 'Idahoensis'** | Idaho Locust

◎ 豆科　刺槐属

形态特征： 落叶乔木[1]；树干褐色至灰褐色；叶为羽状复叶[2][3]，小叶 17～19 片，小叶椭圆形[2][3]，长 4～8 cm；总状花序腋生，作下垂状[2][3][4]，长 8～12 cm，花红色[1][2][3][4]，有浓郁芳香，花不育，无荚果，不结种子。

物种档案： 香花槐原产于西班牙，是刺槐（*Robinia pseudoacacia*）和粘毛刺槐（*Robinia viscosa*）的杂交种，结合了刺槐的乔木特性和粘毛刺槐的红花特性。香花槐的花具有花朵大、花形美、花量多、花期长等优点。香花槐枝繁叶茂，树冠开阔，树干笔直，观赏性强，耐寒耐旱，保持水土能力强。

校园分布： 榆中校区南区广泛栽培。

毛洋槐

Robinia hispida | Bristly Locust

◎ 豆科　刺槐属

形态特征： 落叶灌木[1]；幼枝密被紫红色硬腺毛及白色曲柔毛，二年生枝密被褐色刚毛；小叶 5~7 对[4]；总状花序腋生，除花冠外，均被紫红色腺毛及白色细柔毛[2]；花 3~8 朵[2]；花萼紫红色[2][3]，花冠红色至玫瑰红色[1][2]；子房密布腺状突起，荚果扁平，密被腺刚毛。

物种档案： 毛洋槐原产于美国东南部。北美切罗基族人用其根治疗牙疼。毛洋槐花大色美，可供观赏。

校园分布： 盘旋路校区毓秀湖附近、榆中校区干旱室附近有零星栽培。

✳ **识别要点：** 刺槐花白色，有托叶刺；香花槐花红色，枝无刺毛；毛洋槐花红色，枝被毛或硬毛。

甘草

Glycyrrhiza uralensis | Ural Licorice

◎ 豆科　甘草属

形态特征： 多年生草本[1]；根与根状茎粗壮，具甜味；茎密被鳞片状腺点、刺毛状腺体及白色或褐色的绒毛；小叶 5~17 枚[4]；总状花序腋生[1][2]；花萼钟状，萼齿 5；花冠紫色、白色或黄色[1][2]；荚果弯曲呈镰刀状，密生瘤状突起和刺毛状腺体[3]。

名称溯源： 甘草的属名 *Glycyrrhiza* 意为甜根；种加词 *uralensis* 来源于山名 Ural Mountains（乌拉尔山脉），位于俄罗斯的中西部，为欧洲与亚洲分界山脉。

人文掌故： 甘草在《神农本草经》中列为上品，用来调和众药，并可作为解毒药，称为众药之王。唐朝《药性本草》记载："治七十二种乳石毒，解一千二百般草木毒。"

物种档案： 甘草的解毒机制在于甘草酸可以分解为葡萄糖醛，进而与毒素反应，消除毒性。甘草属约 20 种，我国有 8 种。

校园分布： 榆中校区广泛分布。

紫藤

Wisteria sinensis | Chinese Wisteria

◎ 豆科　紫藤属

形态特征： 落叶藤本[1]；茎左旋[1]；奇数羽状复叶，小叶 3~6 对；总状花序[1][2]；花萼杯状，密被细绢毛，上方 2 齿，下方 3 齿卵状三角形；花冠紫色[1][2][3]，旗瓣花开后反折，子房线形，密被绒毛；荚果倒披针形[4]。

名称溯源： 紫藤的属名 *Wisteria* 来源于人名 Casper Wister（1761 — 1818），为美国植物解剖学教授。

人文掌故： 唐代李白有诗《紫藤树》云："紫藤挂云木，花蔓宜阳春。密叶隐歌鸟，香风留美人。"唐代白居易诗《紫藤》云："藤花紫蒙茸，藤叶青扶疏。"

物种档案： 紫藤属约 10 种，我国有 5 种 1 变型。

校园分布： 盘旋路校区钟灵园、榆中校区小花园栽培。

柠条锦鸡儿　柠条

Caragana korshinskii | Korshinsk Peashrub

◎ 豆科　锦鸡儿属

形态特征： 灌木[1][4]；羽状复叶[1][2][4]，6~8 对小叶[2]；托叶在长枝者硬化成针刺，宿存；小叶披针形或狭长圆形[1][2][4]；花黄色[1]，旗瓣具短瓣柄，翼瓣瓣柄细窄，稍短于瓣片，龙骨瓣具长瓣柄；子房披针形；荚果扁，披针形[3][4]，有时被疏柔毛。

名称溯源： 柠条锦鸡儿的属名 *Caragana* 是鞑靼语的植物原名；种加词 *korshinskii* 来源于人名 S.I. Korshinsky，其为俄罗斯的一位植物分类学家。

物种档案： 模式标本采自内蒙古鄂尔多斯。柠条锦鸡儿为优良的固沙植物和水土保持植物。锦鸡儿属约 100 种，我国产 62 种 9 变种 12 变型。

校园分布： 榆中校区萃英山有大面积栽培。

白毛锦鸡儿

Caragana licentiana | Whitehair Peashrub

◎ 豆科　锦鸡儿属

形态特征： 灌木[1]；嫩枝密被白色柔毛；托叶硬化成针刺[1]；叶柄硬化成针刺，宿存；假掌状复叶有 4 片小叶[1][2]，倒卵状楔形或倒披针形，先端具刺尖，两面密被短柔毛；花冠蝶形，黄色[1]，旗瓣中部有橙黄色斑；子房密被白色柔毛；荚果圆筒形[3]。

名称溯源： 白毛锦鸡儿的种加词 *licentiana* 源于法国人 Émile Licent（1876—1952），他在天津工作了 25 年之久，汉名桑志华，创立了中国最早的博物馆——马场道 117 号北疆博物馆（Musée Hoangho Paiho）。由于他在中国考古和科考方面的成就，被法国授予铁十字骑士勋章。

物种档案： 甘肃特有种。模式标本采自兰州。

校园分布： 榆中校区萃英山广泛分布。

毛刺锦鸡儿　康青锦鸡儿、西藏锦鸡儿

Caragana tibetica | Hairspine Peashrub

◎ 豆科　锦鸡儿属

形态特征： 矮灌木[1]；高 20~30 cm，常呈垫状[1]；小枝密集，淡灰褐色，密被长柔毛；羽状复叶有 3~4 对小叶[3]；托叶卵形或近圆形；叶轴硬化成针刺[1][2]，宿存；小叶线形[3]，先端尖；花单生，近无梗；花萼管状；花冠黄色[1][2][4]；旗瓣倒卵形，先端稍凹，瓣柄长约为瓣片的 1/2；龙骨瓣的瓣柄较瓣片稍长，耳短小，齿状；子房密被柔毛；荚果椭圆形，外面密被柔毛，里面密被绒毛。

物种档案： 模式标本采自甘肃黄河上游。

校园分布： 榆中校区萃英山广泛分布。

荒漠锦鸡儿　洛氏锦鸡儿

Caragana roborovskyi | Desert Peashrub

◎ 豆科　锦鸡儿属

形态特征： 灌木[1]；高 0.3～1 m，直立或外倾[1]；羽状复叶有 3～6 对小叶[2][3]；托叶先端具刺尖；叶轴宿存，全部硬化成针刺[1][2][3]；小叶宽倒卵形或长圆形[2][3]，先端具刺尖，密被白色丝质柔毛；花冠黄色，旗瓣有时带紫色[1]；子房被密毛；荚果圆筒状[3]，被白色长柔毛。

名称溯源： 荒漠锦鸡儿的种加词 *roborovskyi* 来源于人名罗博罗夫斯基（Vsevolod I. Roborovsky），其于 1894 年考察中国西部。

校园分布： 榆中校区萃英山广泛分布。

❋ **识别要点：** 白毛锦鸡儿为假掌状复叶，其余三种为羽状复叶；毛刺锦鸡儿高度小于 30 cm，柠条锦鸡儿和荒漠锦鸡儿高度高于 30 cm；柠条锦鸡儿叶轴脱落，荒漠锦鸡儿叶轴宿存，全部硬化成针刺。

红花岩黄耆　红花岩黄芪

Hedysarum multijugum | Redflower Sweetvetch

◎ 豆科　岩黄耆属

形态特征： 半灌木[1]；茎直立，多分枝[1]；羽状复叶[1]；小叶通常 15～29，阔卵形，上面无毛，下面被贴伏短柔毛；总状花序腋生[1]；花冠紫红色[1][2][3]，旗瓣倒阔卵形，翼瓣线形，龙骨瓣稍短于旗瓣；子房线形；荚果通常 2～3 节[4]，节荚椭圆形。

名称溯源： 红花岩黄耆的属名 *Hedysarum* 在希腊词中意为甜美的扫帚，这里指根甜。

物种档案： 模式标本采自甘肃河西走廊。岩黄耆属 150 种左右，我国已知有 41 种。中药"红芪"就是该属植物多序岩黄耆（*Hedysarum polybotrys*）的根。

校园分布： 榆中校区萃英山有零星分布。

细枝岩黄耆　花棒、细枝岩黄芪

Hedysarum scoparium | Slenderbranch Sweetvetch

◎ 豆科　岩黄耆属

形态特征： 半灌木①；茎直立，多分枝，茎皮亮黄色，呈纤维状剥落；羽状复叶，小叶片线状长圆形或狭披针形②，背面被较密的长柔毛；总状花序腋生①；花萼钟状；花冠紫红色①③；子房线形④；节荚宽卵形④。

物种档案： 细枝岩黄耆具有重要的经济价值，是优良的固沙植物，西北地区普遍用作固沙树种，可直播或飞播造林；幼嫩枝叶为优良饲料，骆驼和马喜食。

校园分布： 榆中校区南区种质资源库有栽培。

❋ **识别要点：** 红花岩黄耆的叶片为阔卵形，细枝岩黄耆的叶片为线形至披针形。

驴食草　红豆草

Onobrychis viciifolia | Common Sainfoin

◎ 豆科　驴食草属

形态特征： 多年生草本①；小叶 13～19①；小叶片上面无毛，下面被贴伏柔毛；总状花序腋生①②；萼钟形，萼齿披针状钻形③；花冠玫瑰紫色①②，翼瓣长仅为旗瓣的 1/4；子房密被贴伏柔毛；荚果具 1 个节荚，节荚半圆形④，上部边缘具刺。

名称溯源： 驴食草的属名 *Onobrychis* 是希腊语驴食的意思，意为牧草；种加词 *viciifolia* 是豌豆叶状的意思。

物种档案： 驴食草又称为红豆草，花色粉红艳丽，饲用价值可与紫花苜蓿媲美，有"牧草皇后"之称，但因苜蓿产量高而于 20 世纪 60－70 年代逐渐被替代。驴食草属约 120 种，我国有 2 野生种和 1 栽培种。

校园分布： 榆中校区曾大面积种植，现广泛分布。

少花米口袋

Gueldenstaedtia verna | Poorflower Gueldenstaedtia

◎ 豆科　米口袋属

形态特征： 多年生草本[1]；托叶三角形，基部合生；小叶 7~19 片[1][4]，长椭圆形至披针形，两面被疏柔毛；伞形花序有花 2~4 朵[1][2]；花萼钟状，被白色疏柔毛[2]；花冠红紫色[1][2]，子房椭圆状，密被疏柔毛，花柱无毛，内卷；荚果长圆筒状[3]，被长柔毛，成熟时毛稀疏、荚果开裂。

名称溯源： 米口袋属的中文名可能与果实饱满似装满粮食的口袋有关。米口袋的属名 *Gueldenstaedtia* 来源于人名 Anton Johann von Gueldenstaedt，其为 19 世纪拉脱维亚植物学家；种加词 *verna* 意为春季的，指米口袋开花时间。

物种档案： 米口袋属有 12 种，我国有 3 种。

校园分布： 榆中校区广泛分布。

高山豆

Tibetia himalaica | Alpbean

◎ 豆科　高山豆属

形态特征： 多年生草本[1]；羽状复叶[1][3]；叶柄被稀疏长柔毛[3]；小叶 9~12，圆形至椭圆形、宽倒卵形至卵形[3]，顶端微缺至深缺，被贴伏长柔毛；伞形花序具 1~3（4）花[1][2]；花萼被长柔毛；花冠深蓝紫色[1][2]，旗瓣先端微缺或深缺[1][2]；子房被长柔毛，花柱折曲成直角；荚果圆筒形，被稀疏柔毛或近无毛。

物种档案： 高山豆属（*Tibetia*）之前属于米口袋属（*Gueldenstaedtia*）和黄耆属（*Astragalus*）的一些种，我国植物分类学家崔鸿宾于 1979 年成立了新属——高山豆属。高山豆属有 5 种，主产于青藏高原、喜马拉雅、横断山一带，我国 5 种均产。

校园分布： 榆中校区零星分布。

地角儿苗　二色棘豆

Oxytropis bicolor | Twocolor Crazyweed

◎ 豆科　棘豆属

形态特征： 多年生草本[1]，高 5~20 cm，外倾；植株各部密被白色绢状长柔毛；茎极短，似无茎状[1]；小叶 7~17 对[1][4]，4 片轮生，少有 2 片对生，线状披针形[1][4]；总状花序[1]；花冠紫红色，旗瓣中部黄色[1][2]；龙骨瓣先端具喙[3]；雄蕊 10，二体；子房被白色长柔毛或无毛，荚果几革质，卵状长圆形，膨胀，先端具长喙，不完全二室。

名称溯源： 地角儿苗的种加词 bicolor 意为二色的，说明其花冠有红黄二色。

物种档案： 模式标本采自北京市郊区。棘豆属有 300 余种，中国有 146 种 12 变种 3 变型。

校园分布： 榆中校区南区零星分布。

鳞萼棘豆

Oxytropis squammulosa | Scalecalyx Crazyweed

◎ 豆科　棘豆属

形态特征： 多年生草本，高 3~5 cm[1]；茎极缩短，丛生羽状复叶[1]；托叶膜质，线状披针形，基部与叶柄贴生[4]；叶柄成棘状，宿存[1]；小叶 7~15，狭线形[1]；通常 2 花或 3 花组成总状花序[1]；花萼极短，花萼筒状，无毛，萼齿近三角形或披针状钻形；花冠乳白色，龙骨瓣先端具蓝紫色斑块[2]，喙长 1~2 mm；子房和花柱无毛，无子房柄；荚果卵球形，膨胀[3]，不完全 2 室。

名称溯源： 鳞萼棘豆的属名 Oxytropis 指龙骨瓣先端有刺尖头，这也是开花时区分黄耆属和棘豆属的最好特征；种加词 squammulosa 是具有小鳞片的。

校园分布： 榆中校区萃英山有零星分布。

糙叶黄耆　粗糙紫云英

Astragalus scaberrimus | Coarseleaf Milkvetch

◎ 豆科　黄耆属

形态特征： 多年生草本[1]；茎密被白色伏贴毛；地上茎不明显或极短，有时伸长而匍匐；羽状复叶[1][4]，小叶两面密被伏贴毛；总状花序生3～5花，腋生[1]；花冠淡黄色或白色[1][2][3]，旗瓣倒卵状椭圆形，翼瓣较旗瓣短，龙骨瓣较翼瓣短[2][3]；荚果披针状长圆形，微弯，具短喙，背缝线凹入，革质，密被白色伏贴毛，假2室。

物种档案： 糙叶黄耆分布广，形态变化大，花色由黄色至白色；茎极短缩至长达10 cm；总花梗极短或长达数厘米。牛羊喜食，可作牧草及保持水土植物。黄耆属3 000多种，我国有401种。

校园分布： 榆中校区广泛分布。

蒙古黄耆

Astragalus mongholicus | Mongol Milkvetch

◎ 豆科　黄耆属

形态特征： 多年生草本[1]；高40～70 cm；茎直立，上部多分枝；羽状复叶有13～27片小叶[1][2]；总状花序稍密，有花10～20朵[1][2]；花萼钟形，常被黑色短毛[2]；花冠黄色或淡黄色[1][2]；荚果薄膜质，稍膨胀，半椭圆形[3]，顶端具刺尖，两面被白色或黑色细短柔毛，果颈超出萼外[3]；种子3～8颗。

名称溯源： "耆"有年长的意思，黄耆的根黄色，为补药之长，因此称为"黄耆"。黄耆的属名 _Astragalus_ 是希腊语植物原名。

系统变化： 蒙古黄耆在《中国植物志》中为黄耆的变种（_Astragalus membranaceus_ var. _mongholicus_），在 _Flora of China_ 中独立为蒙古黄耆（_Astragalus mongholicus_）。

校园分布： 榆中校区南区种质资源库有栽培。

悬垂黄耆 悬垂黄芪

Astragalus dependens | Hang Milkvetch

◎ 豆科　黄耆属

形态特征： 多年生草本①②；茎基部多分枝，直立或上升①②，高 20～40 cm；羽状复叶有 11～19 片小叶①②③；托叶离生，小叶线形或线状长圆形①②③；总状花序①②③，花稀疏；总花梗、苞片及萼筒均被黑色短柔毛④，花冠淡紫色或紫红色、黄白色①②③；旗瓣先端微凹，翼瓣先端不等 2 裂④，基部具短耳；荚果假 2 室，有薄的假纵隔。

系统变化： 花黄白色的悬垂黄耆在《中国植物志》中为黄白悬垂黄耆（_Astragalus dependens_ var. _flavescens_），在 _Flora of China_ 中归并为悬垂黄耆（_Astragalus dependens_）。

校园分布： 榆中校区博物馆附近、萃英山高尔夫球场有零星分布。

松潘黄耆 松潘黄芪

Astragalus sungpanensis | Songpan Milkvetch

◎ 豆科　黄耆属

形态特征： 多年生草本①；茎直立或上升，基部常平卧，多分枝①；奇数羽状复叶，具 15～29 片小叶①②；托叶离生；总状花序生多数花，较密集呈头状①②③；花萼钟状，外面密被黑色或混有白色短柔毛；萼齿披针形，与萼筒近等长或稍短；花冠青紫色①②③，旗瓣先端微凹，子房线形，被白色伏贴柔毛；荚果长圆形④，被白色伏贴柔毛，先端急尖，微弯，果颈较宿存花萼短，1 室，有 6～7 枚种子。

物种档案： 松潘黄耆产于四川北部、甘肃东南部及青海东南部。模式标本采自四川松潘地区。

校园分布： 榆中校区院士林有分布。

草木樨状黄耆　草木樨状黄芪

Astragalus melilotoides | Sweetcloverlike Milkvetch

◎ 豆科　黄耆属

形态特征： 多年生草本[①]；茎直立或斜生，高 30~50 cm，多分枝；羽状复叶，有 5~7 片小叶[①]；托叶离生，三角形或披针形；总状花序生多数花，稀疏[①②]；总花梗远较叶长；花小；苞片小，披针形；花梗连同花序轴均被白色短伏贴柔毛；花萼短钟状，被白色短伏贴柔毛，萼齿三角形，较萼筒短；花冠白色或带粉红色[①②]，旗瓣基部具短瓣柄，翼瓣较旗瓣稍短，先端有不等的 2 裂或微凹；子房近无柄，无毛；荚果宽倒卵状球形或椭圆形，先端微凹，具短喙，假 2 室，背部具稍深的沟；种子 4~5 颗。

校园分布： 榆中校区零星分布。

斜茎黄耆　斜茎黄芪、沙打旺、起立黄芪

Astragalus laxmannii | Erect Milkvetch

◎ 豆科　黄耆属

形态特征： 多年生草本[①②]；羽状复叶[①②]，小叶 7~23，上面无毛或近无毛，下面有白色丁字毛；总状花序腋生[①②]；花萼萼齿 5，有黑色丁字毛；花冠蓝色或紫红色[①②③]，旗瓣无爪，龙骨瓣短于翼瓣；子房有短柄，有白色丁字毛；荚果圆筒形[④]，有黑色丁字毛。

物种档案： 斜茎黄耆分布广泛，对环境适应性强。斜茎黄耆经过引种栽培，在形态上和细胞型上会出现一些变异，成为栽培变型。种子可入药，有治疗神经衰弱的功效；斜茎黄耆也是优良的牧草和保土植物。《中国植物志》中斜茎黄耆的学名为 *Astragalus adsurgens*。

校园分布： 榆中校区闻韶楼附近零星分布。

苦马豆　泡泡豆、羊尿泡

Sphaerophysa salsula | Alkali Swainsonpea

◎ 豆科　苦马豆属

形态特征： 半灌木或多年生草本①；茎直立或下部匍匐①，羽状复叶①，小叶倒卵形至倒卵状长圆形；总状花序①②；花萼钟状；花冠初呈鲜红色①②，后变紫红色，旗瓣瓣片近圆形；花柱弯曲，柱头近球形；荚果椭圆形至卵圆形④，膨胀，果瓣膜质；外面疏被白色柔毛，缝线上较密。

名称溯源： 苦马豆的属名 *Sphaerophysa* 意为球形泡，这里指成熟时气泡状的果实；种加词 *salsula* 指盐生的，说明其适合在盐碱环境中生长。

物种档案： 苦马豆是一种毒草，但可药用，有利尿、消肿的作用。苦马豆属 2 种，我国产 1 种。

校园分布： 榆中校区萃英山下有零星分布。

紫苜蓿　紫花苜蓿

Medicago sativa | Alfalfa

◎ 豆科　苜蓿属

形态特征： 多年生草本①；叶具 3 小叶③，小叶倒卵形或倒披针形，上部叶缘有锯齿③；托叶披针形，有柔毛；总状花序腋生①②；花冠紫色①②，长于花萼；荚果螺旋形④，有疏毛，先端有喙，有种子数粒；种子肾形，黄褐色。

名称溯源： "苜蓿"来源于"牧宿"，意思是其宿根自生，可饲牧牛马。紫苜蓿的属名 *Medicago* 原为希腊语小亚细亚的一个地名。

人文掌故： 苜蓿原产于欧洲，很早传入中亚，汉朝随汗血马进入中原。唐代诗人鲍防有诗云："天马常衔苜蓿花，胡人岁献葡萄酒。"

物种档案： 苜蓿属 70 余种，我国有 13 种 1 变种。

校园分布： 榆中校区作为草坪植物广泛分布。

花苜蓿　扁蓿豆

Medicago ruthenica | Ruthenian Medic

◎ 豆科　苜蓿属

形态特征： 多年生草本[1][2]；羽状三出复叶[1][2]；小叶形状变化很大，长圆状倒披针形、楔形、线形以至卵状长圆形[1][2]；托叶披针形，锥尖，先端稍上弯；花序伞形[1][2]；花冠黄褐色[1][2]，中央深红色至紫色条纹；子房线形，无毛；荚果长圆形或卵状长圆形，扁平，先端具短喙，基部狭尖并稍弯曲，具短颈，腹缝有时具流苏状的狭翅，熟后变黑；有种子 2~6 粒。

物种档案： 花苜蓿是各种畜禽及鱼类喜食的饲草；药用具有清热解毒、止咳、止血的功效。花苜蓿在不同地区的环境条件下，形态变化非常大。

校园分布： 榆中校区院士林有分布。

天蓝苜蓿

Medicago lupulina | Black Medick

◎ 豆科　苜蓿属

形态特征： 一年生草本[1]，高 15~60 cm；全株被柔毛或有腺毛；茎平卧或上升；羽状三出复叶[1]；小叶倒卵形或阔倒卵形[1][2]，顶生小叶较大；花序小头状[1][2]，具花 10~20 朵；花萼钟形，密被毛，萼齿线状披针形；花冠黄色[1][2]；子房阔卵形，被毛，花柱弯曲；荚果肾形，熟时变黑；有种子 1 粒。

名称溯源： 天蓝苜蓿的名称可能是因为其可以提取蓝色染料。

校园分布： 盘旋路校区校医院附近、榆中校区有零星分布。

✳ **识别要点：** 紫苜蓿花冠紫色；花苜蓿花冠黄褐色，中央深红色至紫色条纹；天蓝苜蓿花冠黄色。

草木犀　黄香草木樨、黄花草木樨

Melilotus officinalis | Yellow Sweet Clover

◎ 豆科　草木犀属

形态特征： 二年生草本①；茎直立，多分枝①；羽状三出复叶③，小叶椭圆形，边缘具锯齿③；花腋生，排列成总状花序①②，花开后渐疏松，花序轴在花期中显著伸展；花蝶形，黄色①②；荚果卵圆形，成熟后棕黑色。

名称溯源： 草木犀的属名 *Melilotus* 指有蜜的百脉根；种加词 *officinalis* 意为药用的。

物种档案： 草木犀含有双香豆素，牲口误食会导致出血甚至死亡。草木犀是蜜源植物，常做绿肥或干草，也可用作清除土壤中二噁英类污染物。草木犀属 20 余种，我国有 4 种 1 亚种。

校园分布： 榆中校区广泛分布。

相 似 种： 白花草木犀（*Melilotus albus*）一、二年生草本；羽状三出复叶，顶生小叶稍大；总状花序④，腋生，具花 40～100 朵，排列疏松；花冠白色④，旗瓣椭圆形；子房卵状披针形；荚果椭圆形至长圆形。榆中校区广泛分布。

❋ **识别要点：** 草木犀花黄色，白花草木犀花白色。

白车轴草　白三叶、三叶草

Trifolium repens | White Clover

◎ 豆科　车轴草属

形态特征： 多年生草本①；茎匍匐蔓生，掌状三出复叶①②；叶柄较长，小叶倒卵形至近圆形①②；花序球形①，顶生，具花 20～50 朵，密集；开花立即下垂；花冠白色、乳黄色或淡红色①。

名称溯源： 白车轴草的属名 *Trifolium* 是三叶的意思；种加词 *repens* 是爬行的、匍匐的意思。

人文掌故： 白车轴草是爱尔兰的国花。公元五世纪，传教士圣帕特里克来到了爱尔兰，他用当时爱尔兰随处可见的白车轴草来比喻基督教著名的"三位一体"理论。圣帕特里克是爱尔兰的守护神，白车轴草则成为爱尔兰的象征。

校园分布： 各校区作为草坪广泛种植。

相 似 种： 红车轴草（*Trifolium pratense*）多年生草本；掌状三出复叶③④；小叶卵状椭圆形至倒卵形，叶面上常有"V"字形白斑③④；花序球状或卵状③，具花 30～70 朵，密集；花冠紫红色至淡红色③。红车轴草是丹麦国花和美国佛蒙特州花。榆中校区视野广场附近、干旱室附近、医学校区有分布。

❋ **识别要点：** 白车轴草花白色，红车轴草花紫红色至淡红色。

蚕豆

Vicia faba | Broadbean

◎ 豆科　野豌豆属

形态特征： 一年生草本[1]；茎具四棱，中空；偶数羽状复叶[1]，叶轴顶端卷须短缩为短尖头；总状花序腋生，花2～4朵呈丛状着生于叶腋[1][2]；花冠白色，具紫色脉纹及黑色斑晕[1][2][3]，花柱顶端远轴面有一束髯毛[4]；荚果内有白色海绵状横隔膜；种子2～4，长方圆形。

名称溯源： 元代农学家王祯在《农书》中说："蚕时始熟，故名。"而明代医学家李时珍在《食物本草》中说："豆荚状如老蚕，故名。"

人文掌故： 蚕豆在中国的栽培历史悠久，最早的记载是三国时代《广雅》中有"胡豆"一词。鲁迅先生的短篇小说《孔乙己》中提到的"茴香豆"就是蚕豆。

物种档案： 蚕豆原产于欧洲地中海沿岸、亚洲西南部至北非。野豌豆属约200种，我国有43种5变种。

校园分布： 榆中校区南区种质资源库有栽培。

大花野豌豆　三齿萼野豌豆

Vicia bungei | Bigflower Vetch

◎ 豆科　野豌豆属

形态特征： 一、二年生缠绕或匍匐状草本[1]，高20～40 cm；茎有棱，多分枝，偶数羽状复叶，顶端卷须有分枝[4]；托叶半箭头形，有锯齿；小叶3～5对，长圆形或狭倒卵长圆形[1][4]，先端平截微凹；总状花序长于叶或与叶轴近等长[2]；具花2～4朵，着生于花序轴顶端[1][2]；花萼钟形[3]，被疏柔毛；萼齿5个[3]，披针形；上面两个萼齿较短[1]；花冠红紫色[1][2]，翼瓣短于旗瓣，长于龙骨瓣[2]；子房柄细长，沿腹缝线被金色绢毛，花柱上部被长柔毛；荚果扁长圆形。

物种档案： 大花野豌豆可作饲料和绿肥，嫩叶可作为蔬菜。

校园分布： 榆中校区广泛分布。

家山黧豆

Lathyrus sativus | Grass Peavine

◎ 豆科　山黧豆属

形态特征： 一年生草本[1][3]；茎上升或近直立，多分枝，有翅；叶具 1 对小叶[1][2][3]；托叶半箭形[2]；叶轴具翅，末端具卷须[2]；总状花序通常只有花 1 朵[1][3]，稀 2 朵；花梗着生于花轴顶端；萼齿近相等，长于萼筒 2～3 倍；花白色、蓝色或粉红色[1][3]；子房线形，花柱扭转；荚果近椭圆形，扁平，沿腹缝线有 2 条翅；有种子 2～6 粒。

名称溯源： 家山黧豆的种加词为 *sativus*，意为栽培的。

物种档案： 处于花期的山黧豆植株及种子有毒，含有过量神经毒素的种子会导致小儿麻痹症。山黧豆属约有 130 种，我国有 18 种。

校园分布： 榆中校区南区种质资源库有栽培。

西伯利亚远志　卵叶远志

Polygala sibirica | Sibiria Milkwort

◎ 远志科　远志属

形态特征： 多年生草本[1]；叶互生，下部叶小卵形，上部披针形或椭圆状披针形[1]；总状花序[1]；花具 3 枚小苞片；萼片 5，宿存，里面 2 枚花瓣状[2]；花瓣 3，蓝紫色[2]，侧瓣 2/5 以下与龙骨瓣合生，龙骨瓣具流苏状、鸡冠状附属物[2]；雄蕊 8；柱头 2；蒴果近倒心形[3]。

名称溯源： 远志能益智强志，因此有"远志"之称。西伯利亚远志的属名 *Polygala* 是多乳汁的意思。

物种档案： 远志属的文县远志（*Polygala wenxianensis*）是兰州大学彭泽祥教授于 1992 年依据甘肃文县采集的标本发表的新种。

校园分布： 榆中校区萃英山有零星分布。

相 似 种： 远志（*Polygala tenuifolia*）单叶互生[4]，叶线形至线状披针形[4]；总状花序[4]；萼片 5，里面 2 枚花瓣状；花瓣 3，紫色，龙骨瓣具流苏状附属物；雄蕊 8；蒴果圆形，顶端微凹[4]。榆中校区萃英山有零星分布。

❋ **识别要点：** 西伯利亚远志叶披针形或椭圆状披针形；远志叶线形至线状披针形。

玫瑰

Rosa rugosa | Rugosa Rose

蔷薇科　蔷薇属

			🌸	🌸	🌸	🌸	🌸		
			🌿	🌿	🌿	🌿	🔴		

形态特征： 灌木[1]；小枝有针刺、腺毛、皮刺；小叶 5~9 [3][4]；小叶边缘有尖锐锯齿，上面叶脉下陷，有褶皱[3][4]；花单生于叶腋或数朵簇生[1][2][3]；萼片先端尾状渐尖[3]，常有羽状裂片而扩展成叶状；花瓣重瓣至半重瓣，紫红色至白色[1][2]；果扁球形，砖红色，平滑，萼片宿存。

名称溯源： 玫瑰的种加词 *rugosa* 有皱纹之意，指玫瑰叶片具有皱纹。

人文掌故： 明代卢和在《食物本草》中说："玫瑰花食之芳香甘美，令人神爽。"

物种档案： 玫瑰的花可以蒸制芳香油，油的主要成分为左旋香芳醇。甘肃省兰州市的市花为玫瑰，兰州市永登县的苦水玫瑰最为著名，曾经名噪一时。蔷薇属的果实类型特殊，其花托凹陷，托杯壶状，瘦果多数，生于肉质的托杯内，组成一个聚合果，称为"蔷薇果"。蔷薇属约有 200 种，我国产 95 种。

校园分布： 榆中校区普遍栽培。

月季花

Rosa chinensis | Chinese Rose

◎ 蔷薇科　蔷薇属

			🌸	🌸	🌸	🌸	🌸	🌸	🌸
			🌿	🌿	🌿	🌿	🔴	🔴	🔴

形态特征： 灌木[1]；小枝有短粗的钩状皮刺[1]；小叶 3~5 [1]；花常几朵集生[1]；萼片先端尾状渐尖，有时呈叶状，边缘常有羽状裂片；花瓣重瓣至半重瓣，红色、粉红色至白色[1][2][3][4]；果卵球形或梨形，红色。

人文掌故： 宋代杨万里《腊前月季》云："只道花无十日红，此花无日不春风。"宋代徐积《咏月季》云："曾陪桃李开时雨，仍伴梧桐落叶风。"这些古人的诗词生动地描述了月季花四季开花的特性。

物种档案： 蔷薇属植物只有我国的月季花和香水月季具有四季开花的性状，而欧洲等地的蔷薇只能一季开花，这种四季开花的性状为现代月季的发展奠定了遗传基础。18 世纪末至 19 世纪初，月季花和香水月季相继传入欧洲，与欧洲的蔷薇进行杂交，选育成不同花色、不同花形的现代月季品种，这些品种后来在全世界被广泛栽培。

校园分布： 各校区普遍栽培。

✳ 识别要点： 月季花的小叶一般为 3~5 片，叶平滑，玫瑰的小叶一般为 5~9 片，叶皱；月季花花茎上的刺大而少，玫瑰花茎上的刺细小而多；月季花花较大，颜色多样，玫瑰花较小，一般为粉红色；月季花四季开花，玫瑰一年只开一次。

黄刺玫

Rosa xanthina | Yellow Rose

◎ 蔷薇科　蔷薇属

形态特征：　直立灌木[①]，高 2~3 m；枝粗壮，密集，披散；小枝有散生皮刺，
　　　　　　无针刺[③]；小叶 7~13[③]，宽卵形或近圆形，边缘有圆钝锯齿；花
　　　　　　单生于叶腋，重瓣或半重瓣，黄色[①②]；雄蕊多数；花柱离生，被
　　　　　　长柔毛，稍伸出萼筒口外部，比雄蕊短；果近球形或倒卵圆形，
　　　　　　紫褐色或黑褐色；花后萼片反折。

物种档案：　北方园林常见栽培。汉语中玫瑰、月季、刺玫、木香和蔷薇等名
　　　　　　称均为蔷薇属（*Rosa*）的家族成员。

校园分布：　各校区普遍栽培。

变　　型：　单瓣黄刺玫（*Rosa xanthina* f. *normalis*）花单瓣黄色[④]，为栽培黄
　　　　　　刺玫的原始种。各校区普遍栽培。

黄蔷薇

Rosa hugonis | Golden Rose of China

◎ 蔷薇科　蔷薇属

形态特征：　灌木[①]；枝粗壮；小枝圆柱形，皮刺扁平，常混生细密针刺[④]；羽
　　　　　　状复叶[③]，小叶 5~13，小叶片卵形、椭圆形或倒卵形，边缘有锐
　　　　　　锯齿；花单生于叶腋[①]；萼筒、萼片外面无毛，萼片披针形[③]；花
　　　　　　黄色[①②]，花瓣5，先端微凹；雄蕊多数，着生在坛状萼筒口的周围[②]；
　　　　　　花柱被白色长柔毛；蔷薇果扁球形，紫红色至黑褐色[③]，有光泽，
　　　　　　萼片反折宿存[③]。

物种档案：　模式标本采自陕西。

校园分布：　榆中校区南区种质资源库有栽培。

❊ 识别要点：黄刺玫小枝只有皮刺，没有针刺；黄蔷薇小枝有皮刺和针刺。

七姊妹　多花蔷薇

Rosa multiflora var. *carnea* | Many-flowered Rose

◎ 蔷薇科　蔷薇属

形态特征： 攀缘灌木[1]；小枝圆柱形，通常无毛，有短、粗、稍弯曲的皮刺；小叶5~9[4]，近花序的小叶有时3；小叶片倒卵形、长圆形或卵形[4]，边缘有尖锐单锯齿；托叶篦齿状，大部分贴生于叶柄；花排成圆锥状花序[1][3]；萼片披针形，有时中部具2个线形裂片，外面无毛，内面有柔毛；花瓣粉红色[1][2][3]，重瓣，先端微凹；果近球形，红褐色或紫褐色，有光泽，萼片脱落。

名称溯源： 七姊妹的种加词 *multiflora* 指多花的。

物种档案： 七姊妹是野蔷薇（*Rosa multiflora*）的变种，栽培供观赏，可作护坡及棚架之用。

校园分布： 榆中校区南区开水房附近有栽培。

等齿委陵菜

Potentilla simulatrix | Equaltoothed Cinquefoil

◎ 蔷薇科　委陵菜属

形态特征： 多年生匍匐草本[1]；匍匐枝纤细，常在节上生根；基生叶为3出掌状复叶[1][4]，边缘有粗圆齿状牙齿或缺刻状牙齿[1][4]；叶柄被短柔毛及长柔毛，小叶几无柄；单花自叶腋生[1]，花梗纤细，被短柔毛及疏柔毛；萼片卵状披针形，副萼片长椭圆形[3]；花瓣5，黄色[1][2][3]，倒卵形，顶端微凹或圆钝；花柱近顶生，柱头扩大；瘦果。

名称溯源： 等齿委陵菜的属名 *Potentilla* 是具有力量的意思，由于委陵菜的寓意，在11—15世纪时期欧洲教堂有委陵菜五瓣花的图案（cinquefoil emblem）。

校园分布： 盘旋路校区钟灵园、榆中校区小花园附近有分布。

二裂委陵菜　叉叶委陵菜

Potentilla bifurca | Bifurcate Cinquefoil

◎ 蔷薇科　委陵菜属

形态特征: 多年生草本[1][2][3];根圆柱形,纤细,木质;花茎直立或上升[1][2][3],高5~20 cm,密被疏柔毛或微硬毛;羽状复叶[1][2][3],有小叶5~8对,对生稀互生,小叶顶端常2裂[3],稀3裂,两面绿色,伏生疏柔毛;近伞房状聚伞花序[3];萼片卵圆形,副萼片椭圆形;花瓣5,黄色[1][2][3],倒卵形,顶端圆钝,比萼片稍长;花柱侧生,棒形,基部较细,柱头扩大;瘦果表面光滑。

物种档案: 二裂委陵菜幼芽密集簇生,形成红紫色的垫状丛。委陵菜属全世界200余种,我国有80多种。

校园分布: 榆中校区广泛分布。

朝天委陵菜

Potentilla supina | Carpet Cinquefoil

◎ 蔷薇科　委陵菜属

形态特征: 一年生或二年生草本[1];茎平展[1],上升或直立,叉状分枝;基生叶羽状复叶[4],有小叶2~5对;小叶片长圆形或倒卵状长圆形[4];茎生叶与基生叶相似[1][2];基生叶托叶膜质,褐色,茎生叶托叶草质,绿色;下部花自叶腋生,顶端呈伞房状聚伞花序[2];萼片三角卵形,副萼片长椭圆形或椭圆披针形[3];花瓣黄色[1][2][3],倒卵形,顶端微凹,与萼片近等长或较短[3];花柱近顶生,基部乳头状膨大;瘦果长圆形,先端尖,表面具脉纹。

名称溯源: 朝天委陵菜的种加词 *supina* 指向上的、背向的。

校园分布: 榆中校区广泛分布。

绢毛匍匐委陵菜　绢毛细蔓委陵菜

Potentilla reptans* var. *sericophylla | Silky Creeping Cinquefoil

◎ 蔷薇科　委陵菜属

形态特征： 多年生匍匐草本[1]；茎匍匐，节上生根；叶为三出掌状复叶，边缘两个小叶浅裂至深裂[1][4]，有时混生有不裂者；小叶下面及叶柄伏生绢状柔毛，被稀疏柔毛；单花生叶腋或与叶对生，被疏柔毛；花梗细长[1]，萼片卵状披针形，副萼片长椭圆形或椭圆披针形[3]；花黄色[1][2][3]；花柱近顶生，基部细，柱头扩大；瘦果黄褐色。

名称溯源： 绢毛匍匐委陵菜的种加词 *reptans* 是匍匐的意思；变种加词 *sericophylla* 是绢毛状的。

物种档案： 绢毛匍匐委陵菜的原变种为匍匐委陵菜（*Potentilla reptans*）。

校园分布： 榆中校区天山堂与贺兰堂之间有零星分布。

多茎委陵菜

Potentilla multicaulis | Multicaulis Cinquefoil

◎ 蔷薇科　委陵菜属

形态特征： 多年生草本[1]；密集丛生[1]；基生叶为羽状复叶，有小叶 4~6 对，叶柄暗红色，被白色长柔毛，上部小叶远比下部小叶大，边缘羽状深裂，上面绿色，下面被白色绒毛；茎生叶与基生叶形状相似[2]；聚伞花序多花[1]；花瓣 5，黄色；瘦果[1]。

校园分布： 榆中校区广泛分布。

相　似　种： 西山委陵菜（*Potentilla sischanensis*）多年生草本[3][4]；花茎丛生[3][4]；基生叶为羽状复叶[3][4]，亚革质，有小叶 3~5 对，小叶边缘羽状深裂几达中脉，上面被稀疏长柔毛，下面密被白色绒毛；掌裂或 3~5 羽裂[4]；聚伞花序疏生[3]。榆中校区萃英山有分布。

❀ **识别要点：** 多茎委陵菜基生叶叶柄暗红色，小叶非革质，上面无毛；西山委陵菜基生叶叶柄黄绿色，小叶亚革质，上面被稀疏长柔毛。

多裂委陵菜

Potentilla multifida | Staghorn Cinquefoil

◎ 蔷薇科　委陵菜属

形态特征： 多年生草本[1]；基生叶羽状复叶[1]，有小叶 3~5 对；小叶片对生稀互生[1]，羽状深裂几达中脉，下面被白色绒毛，沿脉伏生绢状长柔毛；茎生叶 2~3[1][3]；基生叶托叶膜质，褐色；茎生叶托叶草质，绿色[3]；花序为伞房状聚伞花序[2]；萼片三角状卵形，副萼片披针形或椭圆披针形；花瓣黄色[2]；花柱圆锥形，近顶生，柱头稍扩大；瘦果。

物种档案： 多裂委陵菜带根全草入药，具有清热利湿、止血的功效。

校园分布： 榆中校区贺兰堂附近有分布。

变　　种： 掌叶多裂委陵菜（*Potentilla multifida* var. *ornithopoda*）小叶 5，羽状深裂紧密排列在叶柄顶端，有时近似掌状[4]。榆中校区贺兰堂附近有分布。

金露梅　金老梅

Potentilla fruticosa | Shrubby Cinquefoil

◎ 蔷薇科　委陵菜属

形态特征： 灌木[1]；多分枝[1]；羽状复叶[3]，具小叶 5~7；小叶片长圆形、倒卵状长圆形或卵状披针形[3]，全缘；托叶薄膜质，宽大；萼片卵圆形，副萼片披针形；花瓣 5，黄色[2]，比萼片长；瘦果近卵形，外被长柔毛。

系统变化： 金露梅在《中国植物志》和 *Flora of China* 中属于委陵菜属（*Potentilla*），在最新研究中金露梅独立为金露梅属（*Dasiphora*）。

名称溯源： 金露梅的种加词 *fruticosa* 是灌木的意思。

物种档案： 金露梅的分布广泛，耐寒耐旱，其枝叶茂密，花色艳丽，可供观赏，也可作绿篱，被藏族广泛用作建筑材料，可填充在屋檐下或门窗上下。

校园分布： 榆中校区南区种质资源库有栽培。

伏毛山莓草

Sibbaldia adpressa | Adpressedhairy Wildberry

◎ 蔷薇科　山莓草属

形态特征： 多年生草本[1]；根木质细长，多分枝；花茎矮小，被绢状糙伏毛；基生叶为羽状复叶[1]，有小叶 2 对，有时混生有 3 小叶；顶生小叶片有（2~）3 齿[1]，极稀全缘，侧生小叶全缘；茎生叶 1~2，与基生叶相似；基生叶托叶膜质，暗褐色，茎生叶托叶草质，绿色[3]；聚伞花序数朵或单花顶生[1]，花 5 数[1][2]；副萼片披针形，萼片三角状卵形[4]；花瓣黄色或白色[1][2]；雄蕊 10[2]；花柱近基生；瘦果。

名称溯源： 伏毛山莓草的属名 *Sibbaldia* 来源于人名 Robert Sibbald（1643 — 1720），其为英国药学教授。

物种档案： 山莓草属全世界近 20 余种，我国约 15 种。

校园分布： 榆中校区萃英山有分布。

李

Prunus salicina | Chinese Plum

◎ 蔷薇科　李属

形态特征： 乔木[1]；叶片长圆倒卵形[3][4]，边缘有圆钝重锯齿；花白色[1][2]；核果卵球形[4]，光滑无毛，有深沟，浅红色，外有蜡粉。

系统变化： 《中国植物志》和 *Flora of China* 中的桃属（*Amygdalus*）、杏属（*Armeniaca*）、李属（*Prunus*）、樱属（*Cerasus*）、稠李属（*Maddenia*）、桂樱属（*Lauro-cerasus*）、臀果木属（*Pygeum*）、臭樱属（*Maddenia*）等 8 属在最新研究中归并为李属（*Prunus*）。

名称溯源： 李的属名 *Prunus* 原指含有石细胞的核果壳；种加词 *salicina* 指柳叶状的。

人文掌故： 唐代韩愈有诗云："江陵城西二月尾，花不见桃惟见李。"李栽培历史久远，清代《群芳谱》记有李的品种 30 种以上。

物种档案： 李原产自中国，现在朝鲜半岛、日本、美国、澳大利亚也有种植。

校园分布： 盘旋路校区钟灵园有栽培。

紫叶李

Prunus cerasifera 'Pissardii' | Purple-leaf Plum

◎ 蔷薇科　李属

形态特征： 灌木或小乔木[1]；多分枝，枝条细长，开展；叶片紫色[1][2]、椭圆形、卵形或倒卵形；托叶膜质，披针形；萼筒钟状，萼片长卵形；萼筒和萼片外面无毛，萼筒内面疏生短柔毛；花瓣白色[1][2][3]，长圆形或匙形，边缘波状；雄蕊 25~30，花丝长短不等[3]，紧密地排成不规则 2 轮，比花瓣稍短[3]；雌蕊 1[3]，心皮被长柔毛；花柱比雄蕊稍长，基部被稀长柔毛；核果红色；近球形或椭圆形。

名称溯源： 紫叶李的种加词 *cerasifera* 是樱桃的意思。

物种档案： 紫叶李是樱桃李（*Prunus cerasifera*）的栽培品种，北方常见观赏树木。

校园分布： 各校区普遍栽培。

大岛樱

Cerasus speciosa | Oshima Cherry

◎ 蔷薇科　樱属

形态特征： 落叶乔木[1]；叶卵形或卵状椭圆形[2]，先端渐尖；花叶同开[1][2]；花序伞房状[2]；花白色[1][2][3]，单瓣；萼筒长钟形，萼片披针形[4]，边缘有锯齿[4]。

名称溯源： 大岛樱的名字来源于日本的伊豆大岛，是大岛樱的原产地之一。大岛樱的种加词 *speciosa* 是美丽的意思。

物种档案： 大岛樱最先由 Gen'ichi Koidzumi 命名为 *Prunus jamasakura* var. *speciosa*，后来由 Collingwood Ingram (1880 — 1981) 处理为独立的种。大岛樱是野生樱花的代表，许多樱花园艺品种均源自大岛樱。例如"关山"是大岛樱和山樱花的杂交品种，"染井吉野"是大岛樱和大叶早樱的杂交品种。

校园分布： 盘旋路校区研究生公寓 10 号楼附近有栽培。

日本晚樱

Cerasus serrulata var. *lannesiana* | Japanese Late Cherry

◎ 蔷薇科　樱属

形态特征： 乔木；叶卵状椭圆形或倒卵状椭圆形[3]，边缘有重锯齿，叶齿端有长芒，叶柄先端有 1~3 个圆形腺体；托叶线形；花序伞房总状或近伞形[1][2][3]，有花 2~3 朵；苞片褐色或淡绿褐色，边有腺齿；花瓣白色，稀粉红色[1][2][3]，先端下凹；雄蕊约 38 枚；花柱无毛；核果球形或卵球形，紫黑色。

名称溯源： 日本晚樱的种加词 *serrulata* 指叶片边缘具有重锯齿。

物种档案： 日本晚樱的原变种为山樱花（*Cerasus serrulata*），日本晚樱有很多栽培品种，其中普遍栽培的品种有"关山"。

校园分布： 盘旋路校区研究生公寓 8 号楼与 9 号楼附近、积石堂附近、榆中校区正门口零星栽培。

毛樱桃

Cerasus tomentosa | Nanking Cherry

◎ 蔷薇科　樱属

形态特征： 灌木[1]，冬芽疏被短柔毛或无毛；叶卵状椭圆形或倒卵状椭圆形[4]，边缘有急尖或粗锐锯齿；托叶线形，被长柔毛；花叶同开；花瓣白色或粉红色[1][2][3]；雄蕊 20~25 枚；花柱伸出与雄蕊近等长或稍长；核果近球形，红色。

系统变化： 毛樱桃在《中国植物志》和 *Flora of China* 中属于樱属（*Cerasus*），在最新研究中樱属并入李属（*Prunus*）。

名称溯源： 毛樱桃的种加词 *tomentosa* 是被毛的意思。

物种档案： 毛樱桃从东北到西南沿山岳地带分布广泛，在营养器官（枝、叶）及子房等毛被变化很大。毛樱桃的果实微酸甜，可食及酿酒。我国河北、新疆、江苏等地庭园常见栽培，供观赏。

校园分布： 盘旋路校区钟灵园有零星栽培。

桃

Amygdalus persica | Peach

◎ 蔷薇科　桃属

形态特征： 乔木[1]；叶片长圆状披针形[2]，边缘具细锯齿或粗锯齿；花单生[2]；花梗极短或几无梗；花瓣粉红色[1][2]；雄蕊约20~30，花药绯红色；果实形状和大小均有变异，卵形、宽椭圆形或扁圆形。

系统变化： 桃在《中国植物志》和 *Flora of China* 中属于桃属（*Amygdalus*），在最新研究中桃属并入李属（*Prunus*）。

名称溯源： 桃的种加词 persica 来源于国名 Persia（波斯），桃原产于中国，后由波斯传入西方。

人文掌故： "桃之夭夭，灼灼其华"是《诗经·周南·桃夭》的经典名句，说的是桃花开的华丽繁盛，由于其谐音，现演变成了"逃之夭夭"。桃木在中国文化中有避邪的意义，《本草纲目》说："桃味辛气恶，故能厌邪气。"

物种档案： 桃有多种品种，"油桃"的果皮光滑，"蟠桃"的果实扁盘状，"碧桃"的花瓣多样，可用于观赏。

校园分布： 盘旋路校区、榆中校区普遍栽培。

栽培变型： 红花碧桃（*Amygdalus persica* f. *rubro-plena*）花半重瓣，红色[3][4]。盘旋路校区、榆中校区普遍栽培。

甘肃桃

Amygdalus kansuensis | Kansu Peach

◎ 蔷薇科　桃属

形态特征： 乔木或灌木[1]；叶卵状披针形或披针形[3]，疏生细锯齿；花单生，先叶开放[1]；花梗极短或几无梗；花萼萼片被柔毛[2]；花瓣白或浅粉红色[1][2]；核果卵圆形或近球形[3]，熟时淡黄色，密被柔毛，肉质，不裂；核近球形，两侧明显，扁平，具纵、横浅沟纹，无孔穴。

物种档案： 甘肃桃产于甘肃南部、陕西南部、青海东部、四川及湖北西部。抗旱耐寒，西北地区可作为桃的砧木，也可供观赏。

校园分布： 盘旋路校区天演楼前和广场东北角有栽培。

相似种： 蒙古扁桃（*Amygdalus mongolica*）灌木[4]；小枝顶端转变成枝刺；短枝上叶多簇生，长枝上叶常互生[4]；叶片宽椭圆形或倒卵形[4]，叶边有浅钝锯齿；花单生，稀数朵簇生于短枝上；花粉红色；子房被短柔毛；果实宽卵球形[4]，顶端具急尖头，外面密被柔毛；果肉薄，成熟时开裂。榆中校区南区种质资源库有栽培。

✳ **识别要点：** 甘肃桃果实成熟时不开裂，蒙古扁桃果实成熟时开裂。

榆叶梅

Amygdalus triloba | Flowering Almond

◎ 蔷薇科　桃属

形态特征： 灌木，高 2~3 m；枝条开展，具多数短小枝；短枝上的叶常簇生，一年生枝上的叶互生；叶片宽椭圆形至倒卵形，叶边缘具粗锯齿或重锯齿；花先于叶开放，粉红色[3]；萼筒宽钟形，无毛或幼时微具毛；雄蕊 25~30，短于花瓣；果实近球形[4]，红色，顶端具短小尖头，外被短柔毛[4]；果肉薄，成熟时开裂。

名称溯源： 榆叶梅由于叶片像榆树叶，花朵酷似梅花而得名。榆叶梅的种加词 *triloba* 指叶先端 3 裂状。

校园分布： 各校区普遍栽培。

栽培品种： 重瓣榆叶梅（*Amygdalus triloba* 'Multiplex'）花重瓣[1][2]，粉红色，萼片通常 10 枚。各校区普遍栽培。

杏

Armeniaca vulgaris | Apricot

◎ 蔷薇科　杏属

形态特征： 乔木[1]；叶卵形[4]，边缘有圆钝锯齿；花单生，先于叶开放[1][2]；花萼裂片 5，花后反折；花瓣白色[1][2][3]；雄蕊多数；心皮 1；核果球形[4]；黄红色，常被短柔毛，果肉多汁；种子扁圆形，味苦或甜。

系统变化： 杏在《中国植物志》和 *Flora of China* 中属于杏属（*Armeniaca*），在最新研究中杏属并入李属（*Prunus*）。

名称溯源： 杏的属名 *Armeniaca* 指的是亚美尼亚，欧洲人早期以为杏起源于该地。事实上，杏的驯化栽培起源于中国。

人文掌故： "杏坛"意为讲学之处，"缁林杏坛"出自《庄子·渔夫》"孔子游乎缁帷之林，休坐乎杏坛之上。""杏林"也为医生的雅称，据说三国东吴名医董奉，居住于庐山，替人看病不要报酬，只要求病愈的人种几棵杏树。数年后杏树成林，因而后世常用"杏林春满"来称颂医术高明。

校园分布： 盘旋路校区钟灵园、榆中校区普遍栽培。

棣棠花

Kerria japonica | Japanese Kerria

◎ 蔷薇科　棣棠花属

形态特征： 落叶灌木[1]；叶互生，三角状卵形或卵圆形[1][2]，顶端长渐尖，边缘有尖锐重锯齿；单花，着生在当年生侧枝顶端[2]；萼片果期宿存；花瓣黄色[1][2]，宽椭圆形，顶端下凹，比萼片长 1~4 倍；瘦果倒卵形至半球形。

名称溯源： 棣棠花的属名 *Kerria* 来源于人名威廉·克尔（William Kerr，1779 — 1814），其为苏格兰植物猎人和园艺家，是他首先把该植物引入邱园（英国皇家植物园）。

人文掌故： 《诗经·小雅·棠棣》云："棠棣之华，鄂不韡韡。凡今之人，莫如兄弟。"诗中以棣棠的花比喻兄弟。

物种档案： 棣棠花的茎髓可入药，有催乳利尿的功效。棣棠花属仅棣棠花 1 种。

校园分布： 盘旋路校区天演楼西侧、榆中校区南区种质资源库有栽培。

栽培变型： 重瓣棣棠花（*Kerria japonica* f. *pleniflora*）花重瓣[3][4]。盘旋路校区天演楼西侧、祁连堂南侧有栽培。

华北珍珠梅

Sorbaria kirilowii | Kirilow False Spiraea

◎ 蔷薇科　珍珠梅属

形态特征： 灌木[1]；枝条开展；小枝圆柱形，稍有弯曲，光滑无毛；小枝幼时绿色，老时红褐色；羽状复叶[1]，具有小叶片 13~21；小叶片对生，披针形至长圆状披针形，边缘有尖锐重锯齿；顶生大型密集的圆锥花序[1][2]；花瓣 5，倒卵形或宽卵形，白色[1][2][3]；雄蕊 20，与花瓣等长或稍短于花瓣，着生在花盘边缘[3]；心皮 5，花柱稍短于雄蕊；蓇葖果长圆柱形[4]。

名称溯源： 华北珍珠梅的属名 *Sorbaria* 意为花序与同为蔷薇科的花楸属（*Sorbus*）相似。

物种档案： 各地常见栽培供观赏。珍珠梅属约有 9 种，中国约有 4 种。

校园分布： 榆中校区博物馆附近、院士林附近、医学校区勤博楼北侧有栽培。

窄叶鲜卑花

Sibiraea angustata | Narrowleaf Sibiraea

◎ 蔷薇科 鲜卑花属

形态特征： 灌木[1][2][3]；小枝圆柱形[1][2]；叶互生或丛生，叶片窄披针形或倒披针形[1][2][3]；穗状圆锥花序顶生[1][2]；雌雄异株，花白色[1]；花萼裂片及花瓣各 5；雄花具雄蕊 20～25，退化雌蕊 3～5，着生在萼筒边缘；雌花有雌蕊 5 及退化雄蕊；蓇葖果 5[2]，具宿存萼片。

名称溯源： 窄叶鲜卑花的属名 *Sibiraea* 来源于地名 *Sibiria*（西伯利亚），指的是模式种产地。林奈在 1771 年把该属放在绣线菊属（*Spiraea*），后来俄国植物学家 Maximowicz 在 1879 年新立鲜卑花属；种加词 *angustata* 意为出名的、伟大的。

物种档案： 鲜卑花属有 4 种，我国产 3 种。

校园分布： 榆中校区南区种质资源库有栽培。

菱叶绣线菊

Spiraea × vanhouttei | Vanhoutte Spiraea

◎ 蔷薇科 绣线菊属

形态特征： 灌木[1]；叶片菱状卵形至菱状倒卵形[4]，通常 3～5 裂，边缘有缺刻状重锯齿[4]；伞形花序具总梗[2][3]，基部具数枚叶片；花瓣近圆形，先端钝，白色[1][2][3]；雄蕊 20～22，部分雄蕊不发育；蓇葖果稍开张，花柱近直立，萼片直立开张。

物种档案： 菱叶绣线菊是麻叶绣线菊（*Spiraea cantoniensis*）和三裂绣线菊（*Spiraea trilobata*）的杂交种，栽培供观赏用。阿司匹林这种药物最初是从该属植物旋果蚊子草（*Spiraea ulmaria*）（现名 *Filipendula ulmaria*）花叶中分离的水杨酸类，因此药名有 aspirin（a 指乙酰基）。绣线菊属有 100 余种，我国有 50 余种。

校园分布： 榆中校区视野广场附近有栽培。

山楂　山里红

Crataegus pinnatifida | Chinese Hawthorn

◎ 蔷薇科　山楂属

形态特征： 落叶乔木[1]；叶片宽卵形或三角状卵形[1][4]，通常两侧各有 3~5 羽状深裂片[4]；伞房花序具多花[1][2]，花瓣倒卵形或近圆形，白色[1][2]；雄蕊 20，短于花瓣，花药粉红色；花柱 3~5，柱头头状；果实近球形或梨形，深红色[3]，有浅色斑点；小核 3~5。

名称溯源： 山楂的属名 *Crataegus* 是山楂植物原名；种加词 *pinnatifida* 意为羽状浅裂的。

物种档案： 模式标本采自北京郊区。山楂不仅有助消化，最新研究发现还对心血管系统和慢性心力衰竭有疗效。山楂可栽培作绿篱和观赏树种。全世界山楂属有 1 000 种左右，我国有 18 种。

校园分布： 榆中校区南区种质资源库有栽培。

皱皮木瓜　贴梗海棠

Chaenomeles speciosa | Flowering Quince

◎ 蔷薇科　木瓜属

形态特征： 落叶灌木[1]；枝条有刺；叶片卵形至椭圆形[4]，边缘具有尖锐锯齿；花先叶开放，3~5 朵簇生于二年生老枝上[1][2]；花瓣猩红色[1][2][3]，稀淡红色或白色；雄蕊 45~50，花柱 5，柱头头状，果实球形或卵球形[4]，黄色或带黄绿色，有稀疏不明显斑点。

名称溯源： 皱皮木瓜的属名 *Chaenomeles* 在希腊语中指裂开的苹果；种加词 *speciosa* 指美丽的花。

物种档案： 皱皮木瓜各地常见栽培。木瓜果是传统中药中治疗关节炎、下肢浮肿等病的良药。皱皮木瓜并不是我们平常所食用的水果木瓜，水果木瓜一般指的是番木瓜科的番木瓜（*Carica papaya*）。木瓜属约有 5 种，我国均产，3 种特有。

校园分布： 盘旋路校区钟灵园、榆中校区天山堂与贺兰堂之间、小花园有栽培。

苹果

Malus pumila | Apple

◎ 蔷薇科　苹果属

形态特征： 乔木；叶片椭圆形至宽椭圆形[4]，边缘具有圆钝锯齿；伞房花序[1][2][3]，具花 3~7 朵，集生于小枝顶端；花瓣基部具短爪，白色[1][2]，含苞未放时带粉红色[3]；雄蕊 20；花柱 5，下半部密被灰白色绒毛，果实扁球形[4]，先端常有隆起，萼洼下陷，萼片宿存。

人文掌故： 古代有"亚当和夏娃在伊甸园偷吃的禁果即智慧树上的苹果的故事"，现有"An apple a day keeps the doctor away"（一日一苹果，医生远离我）之谚语。

物种档案： 哈萨克斯坦的阿拉木图与我国新疆阿力麻里有"苹果城"的美誉，新疆西天山的果子沟有天然野苹果林。苹果的基因组于 2010 年破解，大概有 5.7 万个基因，远多于人类的 3 万个基因。全世界栽培品种总数在一千以上。苹果属约有 35 种，我国有 20 余种。

校园分布： 榆中校区附近有大片苹果园。

山荆子

Malus baccata | Siberian Crabapple

◎ 蔷薇科　苹果属

形态特征： 乔木；树冠广圆形；小枝无毛，暗褐色；叶片椭圆形[2]，先端渐尖，基部楔形或圆形，边缘有细锯齿；伞形花序有花 4~6 朵[1]，集生于小枝顶端；萼筒外面无毛，萼片披针形[3][4]；花瓣 5，花瓣倒卵形，先端圆钝，基部有短爪，白色[1]；雄蕊 15~20[3]，长短不齐；花柱 4 或 5[4]，基部有长柔毛；梨果近球形[2]，红色或黄色，萼裂片脱落。

物种档案： 山荆子开花时美丽，可作为庭园观赏树种；山荆子生长茂盛，繁殖容易，耐寒力强，也是栽培苹果的良好嫁接砧木。

校园分布： 盘旋路校区中心喷泉附近、榆中校区有零星栽培。

海棠花

Malus spectabilis | Chinese Flowering Crabapple

◎ 蔷薇科　苹果属

形态特征： 乔木；叶片椭圆形至长椭圆形[1][3]；托叶膜质；花序近伞形[1][2][4]，有花4~6朵；花瓣卵形，基部有短爪，白色，在芽中呈粉红色；雄蕊20~25，花丝长短不等[2]，长约花瓣之半；花柱5，稀4，基部有白色绒毛，比雄蕊稍长；果实近球形，黄色，萼片宿存。

名称溯源： 海棠花的种加词 *spectabilis* 是醒目耀眼的意思。

人文掌故： 唐德宗贞元年间宰相贾耽编著了一本《百花谱》，书中赞美海棠为"花中神仙"，这本书是最早使用海棠这一称谓的作品。宋代研究海棠的书籍中最有代表性的是《海棠记》和《海棠谱》。南宋诗人陆游有诗《驿舍见故屏风画海棠有感》云："成都二月海棠开，锦绣裹城迷巷陌"，称颂海棠花的繁茂。

物种档案： 海棠花特产我国，是著名的观赏树种。园艺品种有粉红色重瓣和白色重瓣。

校园分布： 盘旋路校区钟灵园有栽培。

西府海棠

Malus × *micromalus* | Midget Crabapple

◎ 蔷薇科　苹果属

形态特征： 小乔木[1]；叶片长椭圆形或椭圆形[2][4]，边缘有尖锐锯齿；伞形总状花序[2][3]，有花4~7朵，集生于小枝顶端，花瓣近圆形或长椭圆形，基部有短爪，粉红色[1][2][3]；雄蕊约20，花丝长短不等；花柱5，基部具绒毛；果实近球形[4]，萼片多数脱落，少数宿存。

名称溯源： 西府海棠因传产于晋朝西府（现在安徽和县一带）而得名。种加词 *micromalus* 意为小苹果的。

人文掌故： 《广群芳谱》记载"西府海棠，枝梗略坚，花色稍红。"

物种档案： 西府海棠是由山荆子（*Malus baccata*）和海棠花（*Malus spectabilis*）杂交而成。西府海棠是常见的栽培果树及观赏树，树姿直立，花朵密集，果味酸甜，可供鲜食及加工用。栽培品种很多，果实形状、大小、颜色和成熟期均有差别。

校园分布： 榆中校区昆仑堂前有大片种植。

水枸子

Cotoneaster multiflorus | Water Cotoneaster

◎ 蔷薇科　枸子属

形态特征： 落叶灌木[1]；小枝红褐色或棕褐色；叶片卵形或宽卵形[1][2][4]，全缘；聚伞花序，有花 6~21 朵；花白色[1][2][3]；萼筒钟状，外面无毛，裂片三角形；花瓣平展，近圆形[3]；雄蕊约 20；花柱通常 2，离生，比雄蕊短；子房先端有柔毛；梨果近球形或倒卵形[4]，直径约 8 mm，红色[4]，小核 1。

名称溯源： 水枸子的属名 *Cotoneaster* 来源于拉丁语，意为像榅桲树似的。

物种档案： 水枸子生长旺盛，夏季密生白花，秋季结红色果实，经久不凋，可作观赏植物。枸子属植物木材坚硬，可用于制作拐杖、木耙等工具。枸子属有 90 余种，共 59 余种。

校园分布： 盘旋路校区钟灵园有栽培。

杜梨

Pyrus betulifolia | Birchleaf Pear

◎ 蔷薇科　梨属

形态特征： 乔木[1]；树冠开展，枝常具刺；叶片菱状卵形至长圆卵形[2]，边缘有粗锐锯齿；托叶膜质，线状披针形；伞形总状花序[2]，有花 10~15 朵；萼片三角卵形[3]，先端急尖，全缘，内外两面均密被绒毛[3]；花瓣宽卵形，先端圆钝，基部具有短爪；白色[1][2]；雄蕊 20，花药紫色[2]；花柱 2~3[3]，基部微具毛；果实近球形，褐色[4]，有淡色斑点，萼片脱落，基部具带绒毛果梗。

名称溯源： 杜梨的属名 *Pyrus* 是植物原名；种加词 *betulifolia* 指叶片像桦木叶的。

物种档案： 杜梨抗干旱，耐寒凉，通常作栽培梨的砧木。梨属约有 25 种，中国有 14 种。

校园分布： 榆中校区天山堂东侧有栽培。

白梨

Pyrus bretschneideri | Chinese White Pear

◎ 蔷薇科　梨属

形态特征： 乔木[①]；树冠开展[①]；叶片卵形或椭圆卵形[③左]，先端渐尖，基部宽楔形[③左]；伞形总状花序[②]，有花 7~10 朵；雄蕊 20；花柱 5 或 4；果实卵形或近球形，先端萼片脱落[④左]。

名称溯源： 白梨的种加词 *bretschneideri* 来源于人名 Emil Bretschneider (1833 — 1901)，其为俄罗斯大使馆的医生、汉语家，曾采集了不少植物标本送给邱园。单型科伯乐树（*Bretschneidera sinensis*）也是以他的姓氏命名的新属。

人文掌故：《唐书》记载了唐玄宗选子弟三百教授音律，地点就在梨园，因此有 "梨园子弟" 之说，以后梨园相沿指戏曲界。

物种档案： 兰州小吃软儿梨、冬果梨就是该种的栽培品种。

校园分布： 盘旋路校区毓秀湖附近、榆中校区羽毛球场附近有栽培。

相 似 种： 木梨（*Pyrus xerophila*）乔木；叶片卵形至长卵形，基部圆形[③右]；花瓣白色；花柱 5 稀 4；果实卵球形或椭圆形，褐色，萼片宿存[④右]。木梨是甘肃省地方梨资源中比较有特色的种，主要作为梨的良好砧木。模式标本采自甘肃省榆中县兴隆山。盘旋路校区钟灵园有栽培。

✹ **识别要点：** 白梨叶片基部宽楔形，果实萼片脱落；木梨叶片基部圆形，果实萼片宿存。

中国沙棘　酸刺

Hippophae rhamnoides* subsp. *sinensis | Seabuckthorn

◎ 胡颓子科　沙棘属

形态特征： 灌木至小乔木[①]；棘刺较多，粗壮；嫩枝褐绿色，密被银白色星状柔毛；老枝灰黑色，粗糙；芽大，锈色；单叶通常近对生，狭披针形[①③]；上面绿色，下面银白色或淡白色；雄花淡黄色[②]，花被片 2；雌花具短柄，花被桶状；果实圆球形[③④]，成熟后橙黄色[④]；种子阔椭圆形至卵形，黑色或紫黑色。

名称溯源： 中国沙棘的种加词 *rhamnoides* 是指像鼠李（类似枣）的。

物种档案： 中国沙棘的原变种为沙棘（*Hippophae rhamnoides*）。沙棘果实是良药；沙棘根际有放线菌共生，可以固氮和改良土壤。沙棘属有 4 种，我国有 4 种。

校园分布： 榆中校区南区有栽培。

沙枣 桂香柳

Elaeagnus angustifolia | Russian Olive

◎ 胡颓子科　胡颓子属

形态特征： 落叶乔木或小乔木；幼枝密被银白色鳞片，老枝鳞片脱落；叶下面灰白色，密被白色鳞片，有光泽；花银白色[①]，密被银白色鳞片，芳香；雄蕊几无花丝；果实椭圆形[②]，成熟时粉红色，密被银白色鳞片。

名称溯源： 沙枣的属名 *Elaeagnus* 来源于希腊词，是含油的（elae）和牡荆（agnos）的组合；种加词 *angustifolia* 是指细叶的。

物种档案： 沙枣的果实可生食、熬糖、制果酱和糕点等，也是酿酒原料。鲜花含有芳香油，故有"飘香沙漠的桂花"之美称。胡颓子属约有80 种，我国约有 55 种。

校园分布： 盘旋路校区钟灵园、榆中校区有零星栽培。

相似种： 牛奶子（*Elaeagnus umbellata*）落叶灌木，常具刺；幼枝密被银白色鳞片；叶纸质[③]，表面有时有银白鳞片，上面灰白色，被鳞片；花黄白色[③]，芳香，2~7 朵丛生于新枝基部[③]；花被筒漏斗形，上部 4 裂[③]；雄蕊 4；核果球形，被银白色鳞片，成熟时红色[④]。榆中校区南区种质资源库有栽培。

✳ **识别要点：** 沙枣叶片布满银灰色鳞片，花银色；牛奶子叶片表面有时有银白鳞片，花黄白色。

小叶鼠李

Rhamnus parvifolia | Littleleaf Buckthorn

◎ 鼠李科　鼠李属

形态特征： 灌木[①]；小枝对生或近对生，顶端针刺状；叶通常密集丛生于短枝上或在长枝上互生，纸质，菱状卵圆形或倒卵形[②][③]，边缘有小钝锯齿；花单性，雌雄异株，黄绿色，4 基数，有花瓣，通常数个簇生于短枝上[②][③]；花萼 4 裂[④]；花瓣 4；雄花雄蕊 4；雌花花柱 2 半裂[④]；核果球形[③]，成熟时黑色，有 2 个核，基部有宿存的萼筒。

名称溯源： 小叶鼠李的属名 *Rhamnus* 是希腊词鼠李原名。

物种档案： 模式标本采自北京郊区。其叶形及大小常多变异。鼠李属约200 种，我国有 57 种和 14 变种。

校园分布： 榆中校区将军苑有栽培。

枣

Ziziphus jujuba | Jujube

◎ 鼠李科　枣属

形态特征： 落叶乔木或小乔木；枝无托叶刺；单叶互生，卵形至卵状长椭圆形[①②③]，边缘有细钝齿，花小，两性，黄绿色[④]，5 基数；2~3 朵簇生叶腋[④]；核果椭球形[①②]，熟后暗红色[①]，味甜，核两端尖。

名称溯源： 枣的属名 *Ziziphus* 是希腊词酸枣的植物原名。

人文掌故： 《诗经·豳风·七月》记载有"八月剥枣，十月获稻。"《植物名实图考》所记录的枣品种达到了八十七种。宋代诗人苏轼有词《浣溪沙》："簌簌衣巾落枣花，村南村北响缲车。"

物种档案： 枣的果实味甜，含有丰富的维生素 C、维生素 P。枣大约 9 000 年前在东南亚驯化栽培。枣属约 100 种，我国有 12 种 3 变种。目前世界上有 400 多个枣的品种。

校园分布： 榆中校区南区种质资源库有栽培。

榆树　白榆

Ulmus pumila | Sibirian Elm

◎ 榆科　榆属

形态特征： 落叶乔木[①]；叶椭圆状卵形，先端渐尖或长渐尖，边缘具重锯齿或单锯齿；花先叶开放，在去年生枝的叶腋成簇生状[②]，花被 4~5，雄蕊 4~5，花药紫色[②]，伸出花被片之外[②]；子房扁平，花柱 2；翅果近圆形[③]，果核部分位于翅果的中部。

人文掌故： 希腊神话中榆树是八个树神之一。在美国独立战争时期，1775 年英国军人砍倒了伫立在波士顿公园的大榆树，这里是反抗英国殖民的集会地点，因此美国人称该树为"liberty tree"而广泛种植。

物种档案： 榆树的花被简化、花丝长、花柱扩展、先叶开花、翅果都是对风力传播花粉和果实的适应。榆属 30 余种，我国有 25 种 6 变种，

校园分布： 各校区均有分布，以榆中校区栽培最多。

栽培品种： 垂枝榆（*Ulmus pumila* 'Tenue'）树干上部的主干不明显，分枝较多，树冠伞形；一至三年生枝下垂而不卷曲或扭曲[④]。榆中校区南区种质资源库有栽培。

大麻　火麻

Cannabis sativa | Marijuana

◎ 大麻科　大麻属

形态特征：一年生直立草本①；叶掌状全裂①②，裂片披针形或线状披针形，表面微被糙毛，边缘具向内弯的粗锯齿；花单性异株；雄花黄绿色，花被 5，膜质，雄蕊 5，花丝极短；雌花绿色③，花被 1；瘦果为宿存黄褐色苞片所包③。

名称溯源：大麻的属名 *Cannabis* 是希腊语植物原名。

人文掌故：大麻伴随人类的历史有 6 000 年以上。《尔雅》中已知其有雄雌之分，分别称为"枲"和"苴"。《神农本草经》中记录"多食人见鬼狂走"，说明其有麻醉致幻作用。

物种档案：大麻属仅有大麻 1 种，有 2 个亚种。*Cannabis sativa* subsp. *sativa* 生产纤维和油，具较高而细长、稀疏分枝的茎和长而中空的节间，我国通常栽培的大麻就是这个亚种；*Cannabis sativa* subsp. *indica* 含有芳香而有毒性的树脂，特别是在幼叶和花序中，植株较小，多分枝而具短而实心的节间，是生产违禁品"大麻烟"的原材料，在大多数国家禁止栽培。

校园分布：榆中校区有零星分布。

葎草

Humulus scandens | Japanese Hop

◎ 大麻科　葎草属

形态特征：一年生或多年生缠绕草本③；茎枝和叶柄有倒刺；叶对生，纸质，近肾状五角形，掌状深裂，裂片 5~7①③；裂片卵状三角形，边缘具锯齿，两面有粗糙刺毛；雌雄异株；雄花小，淡黄绿色②，花被片和雄蕊各 5；雌花排列成穗状花序，每 2 朵花外具 1 卵形、有白刺毛和黄色小腺点的苞片，苞片纸质，三角形，顶端渐尖，具白色绒毛；花被退化为 1 全缘的膜质片；瘦果成熟时露出苞片外。

物种档案：葎草可作药用；茎皮纤维可作造纸原料；种子榨油可制肥皂；果穗可代啤酒花（*Humulus lupulus*），增加啤酒的苦味和芳香味。葎草属 3 种，我国产 3 种。

校园分布：榆中校区有零星分布。

桑

Morus alba | White Mulberry

◎ 桑科　桑属

形态特征： 乔木或灌木状[1]；叶卵形或宽卵形[1][2][3]，锯齿粗钝，有时缺裂，上面无毛，下面脉腋具簇生毛；花雌雄异株；雄花序下垂，雄花花被椭圆形，淡绿色；雌花序被毛，花被倒卵形，无花柱，柱头2裂，内侧具乳头状突起；聚花果卵状椭圆形，红色至暗紫色。

人文掌故： 桑在《诗经》中出现的次数很多，例如《卫风·氓》中有"桑之未落，其叶沃若"。《秦风·黄鸟》中有"交交黄鸟，止于桑。"汉乐府《陌上桑》中有"罗敷喜蚕桑，采桑城南隅。"

物种档案： 桑原产我国中部和北部，在4 000年前我国就栽培桑树用于养蚕。桑的树皮纤维柔细，可作纺织原料、造纸原料；根皮、果实及枝条可入药；桑椹可以酿酒。桑属约有16种，我国产11种。

校园分布： 盘旋路校区假山北侧、兰州大学一分部有栽培。

麻叶荨麻　焮麻、蜇人草、咬人草

Urtica cannabina | Hempleaf Nettle

◎ 荨麻科　荨麻属

形态特征： 多年生草本[1]；茎有棱，生螫毛和紧贴的微柔毛；叶对生，叶片3深裂或3全裂，一回裂片再羽状深裂[2]，下面疏生螫毛；雌雄同株或异株；雄花序多分枝，花被片4，雄蕊4；雌花花被片开花后增大，有短柔毛和少数螫毛，柱头画笔头状；瘦果卵形。

物种档案： 麻叶荨麻茎叶上的螫毛有毒性（可引发过敏反应），如蜂蜇般疼痛难忍。嫩叶可食用；茎皮纤维可作纺织原料。荨麻疹指皮肤表面出现类似荨麻蜇人后的小疙瘩。荨麻属约有35种，我国产16种6亚种1变种。

校园分布： 榆中校区有零星分布。

枫杨 麻柳

Pterocarya stenoptera | Chinese Wingnut

◎ 胡桃科　枫杨属

形态特征： 乔木；偶数稀奇数羽状复叶[2]，叶轴具窄翅；小叶 10~16[2]；雄柔荑花序单生于去年生枝叶腋[1]；雌柔荑花序顶生，花序轴密被星状毛及单毛；雌花苞片无毛或近无毛；果序长 20~45 cm；果长椭圆形，基部被星状毛；果翅条状长圆形[2]。

名称溯源： 枫杨的属名 *Pterocarya* 来源于希腊语的 pteron 和 karyon，分别指的是"翼"和"核"，意思是坚果具翼。

物种档案： 模式标本采自广东。枫杨作为庭园树或行道树广泛栽培；树皮和枝皮可作纤维原料；果实可作饲料和酿酒；种子还可榨油。枫杨属约有 8 种，我国有 6 种。

校园分布： 盘旋路校区钟灵园有栽培。

胡桃 核桃

Juglans regia | Persian Walnut

◎ 胡桃科　胡桃属

形态特征： 高大乔木；树皮老时浅裂；奇数羽状复叶[1]，小叶常 5~9 枚，上面无毛，下面仅脉腋内具簇短柔毛；雄花序下垂[2][3]，雄蕊 6~30 枚[4]；雌性穗状花序通常具 1~3（4）雌花，总苞被极短腺毛；果实近球状[1]。

名称溯源： 胡桃的属名 *Juglans* 是胡桃拉丁原名。

物种档案： 胡桃被称为"长寿果"。胡桃坚果核果状，肉质的"外果皮"由苞片、小苞片和 4 裂的花被形成。1972 年发现的磁山文化遗址有胡桃的出土，距今约 7 000 多年。胡桃属约 20 种，我国产 5 种 1 变种。

校园分布： 盘旋路校区天演楼前、医学校区勤博楼北侧、榆中校区将军苑有栽培。

南蛇藤

Celastrus orbiculatus | Oriental Bittersweet

◎ 卫矛科　南蛇藤属

形态特征： 攀缘状灌木[1]；叶通常阔倒卵形[1][3]，边缘具锯齿；聚伞花序腋生，小花1~3朵；花单性，雌雄异株；雄花花瓣倒卵状椭圆形或长方形[2]；花盘浅杯状；退化雌蕊不发达；雌花花冠较雄花窄小，花盘稍深厚，肉质，退化雄蕊极短小；子房近球状，柱头3深裂，裂端再2浅裂；蒴果近球状[4]，种子椭圆形。

物种档案： 南蛇藤是一个分布很广泛的种，在形态上，尤其是叶片的形状，变化幅度大。南蛇藤的成熟果实可作药用；其树皮可制成优质纤维；种子含油50%。南蛇藤属有30余种，我国约有24种和2变种。

校园分布： 盘旋路校区专家楼附近有栽培。

冬青卫矛　大叶黄杨

Euonymus japonicus | Evergreen Euonymus

◎ 卫矛科　卫矛属

形态特征： 常绿灌木或小乔木[1][2]；叶光亮革质，倒卵形或窄长椭圆形[1][2]；聚伞花序腋生[3][4]，一至二回二歧分枝，每分枝顶端有5~12花的短梗小聚伞花序；花白绿色[3]，4数，花盘肥大[3]；蒴果淡红色，近球形[4]，有4浅沟；种子棕色，有橙红色假种皮。

名称溯源： 冬青卫矛的另一英文名 spindle 指该植物可以做纺线锤。

物种档案： 冬青卫矛最先于日本发现并引入栽培，可观赏或作绿篱；果实有毒，可入药。卫矛的种子有假种皮，经鸟类食用后排泄出种子，以此进行种子的传播。卫矛属约有130种，我国有90种（50种特产）。

校园分布： 各校区均有栽培。

白杜　明开夜合、丝绵木

Euonymus maackii | Maack Euonymus

◎ 卫矛科　卫矛属

形态特征： 小乔木[1]；叶宽卵形、矩圆状椭圆形或近圆形[1]，边缘有细锯齿；聚伞花序1~2次分枝[1]，有3~7花，花淡绿色[2]，4数，花药紫色[2]，花盘肥大；蒴果粉红色，上部4裂[3][4]；种子淡黄色，有红色假种皮。

名称溯源： 白杜的种加词 *maackii* 来源于人名 Richard Otto Maack（1825—1886），其为俄罗斯地理学家、博物学家和人类学家。他在西伯利亚、远东、乌苏里和阿莫尔河等地考察采集标本。马鞍树属（*Maackia*）也是以他的名字命名的新属。

物种档案： 威廉·克尔（William Kerr），1804—1812 在中国的 8 年考察中，从中国园林中带入欧洲的植物就有白杜（*Euonymus japonicus*）、卷丹（*Lilium lancifolium*）、马醉木（*Pieris japonica*）、南天竹（*Nandina domestica*）、中华秋海棠（*Begonia grandis*）和木香花（*Rosa banksiae*）等。

校园分布： 盘旋路校区钟灵园、榆中校区种质资源库有栽培。

酢浆草

Oxalis corniculata | Creeping Oxalis

◎ 酢浆草科　酢浆草属

形态特征： 草本[3]；茎直立或匍匐，匍匐茎节上生根；小叶 3，倒心形[2][3]；小苞片 2；萼片 5，宿存；花瓣 5，黄色[1][3]；雄蕊 10[1]，花丝白色半透明，长短互间，长者花药较大且早熟；子房 5 室，花柱 5；蒴果长圆柱形。

名称溯源： 酢浆草的茎和叶中含有草酸，有酸味，"酢"为醋的本字，因此得名，草酸首先从该植物中提取出来。属名 *Oxalis* 是希腊语酸味的意思。

物种档案： 酢浆草全草可入药，富含维生素 C，叶片可食用。酢浆草属约700 种，我国有 8 种（引进 2 种）。

校园分布： 榆中校区贺兰堂附近有零星分布。

地锦草

Euphorbia humifusa | Humifuse Spurge

◎ 大戟科　大戟属

形态特征： 一年生草本[1]；具乳汁；茎匍匐，基部常红色或淡红色[1][2][3]，被柔毛或疏柔毛；叶对生[1][2][3]；总苞边缘 4 裂；腺体 4，边缘具白色或淡红色附属物；雄花数枚；雌花 1 枚，子房柄伸出至总苞边缘；花柱 3，柱头 2 裂；蒴果三棱状卵球形。

名称溯源： 地锦草的属名 *Euphorbia* 源自希腊国王的内科医生 Euphorbos；种加词 *humifusa* 意为平铺的、仰卧的。

物种档案： 大戟属植物含有乳汁，有毒，可入药。大戟属约 2 000 种，我国原产约 66 种，另有栽培和归化种 14 种。

校园分布： 榆中校区荒地常见。

相 似 种： 斑地锦（*Euphorbia maculata*）一年生草本；茎匍匐，叶对生[4]；叶中部常具有一个长圆形的紫色斑点[4]；花序单生于叶腋；总苞狭杯状；腺体 4，黄绿色，边缘具白色附属物；雄花 4~5，微伸出总苞外；雌花 1，子房柄伸出总苞外；柱头 2 裂。斑地锦原产北美，归化于欧亚大陆。榆中校区零星分布。

❋ **识别要点：** 斑地锦的叶中部常常具有一个长圆形的紫色斑点；地锦草则没有。

泽漆　五朵云、猫儿眼

Euphorbia helioscopia | Madwoman's Milk

◎ 大戟科　大戟属

形态特征： 一年生草本[1][2]；具乳汁；叶互生，倒卵形或匙形[1][2]；茎顶端具 5 片轮生叶状苞片[1][2][3]，与下部叶相似；多歧聚伞花序顶生[1][2][3]，有 5 伞梗；杯状花序钟形，总苞顶端 4 浅裂。

名称溯源： 泽漆的茎被折后会有白汁流出，因此称为"泽漆"。种加词 *helioscopia* 指向阳的。

物种档案： 泽漆富含药理活性成分，全草入药，有清热、祛痰、利尿消肿及杀虫的功效。新鲜泽漆的白色乳汁毒性很大，触到眼睛可致失明，也不能接触口腔黏膜，以防中毒。

校园分布： 榆中校区天山堂附近、东区羽毛球场附近零星分布。

银白杨

Populus alba | White Aspen

◎ 杨柳科　杨属

形态特征： 乔木[①]；长枝叶宽卵形或三角卵形，3~5掌裂或不裂[③]，有钝齿，幼时两面密生白色绒毛，后上面的毛脱落，下面的绒毛不落[③右]；短枝叶较小，卵形或椭圆状卵形；柔荑花序下垂[②]；苞片有长睫毛；雄蕊6~10；雌花柱头2，2裂，红色。

名称溯源： 银白杨的属名 *Populus* 来源于拉丁语，意为人民。

物种档案： 杨属100余种，我国约62种。

校园分布： 榆中校区视野广场、隆基大道有栽培。

相 似 种： 毛白杨（*Populus tomentosa*）乔木；树皮渐变为灰白色，老时基部黑灰色，纵裂、粗糙；树冠圆锥形至卵圆形或圆形；长枝叶三角状卵形，边缘有深波状或波状牙齿[④]，上面暗绿色，下面密生毡毛，后渐脱落；短枝叶卵形或三角状卵形；柔荑花序下垂；花药红色；雌花序苞片褐色，尖裂，沿边缘有长毛。榆中校区桃李食园附近有栽培。

❉ **识别要点：** 银白杨长枝叶常为3~5掌状分裂，叶下面、叶柄及短枝叶下面密被白色绒毛；毛白杨长枝叶不为3~5掌状分裂，叶下面、叶柄及短枝叶下面无毛或有灰色绒毛。

山杨

Populus davidiana | David Poplar

◎ 杨柳科　杨属

形态特征： 乔木；树皮灰白色；芽卵形，无毛，微有黏质；叶三角状卵圆形，边缘有波状钝齿[③]，老时无毛，萌发枝下面被柔毛；叶柄侧扁；雄花序苞片褐色[①②]，苞片掌状条裂，边缘有密长毛[②]；雄蕊6~11，花药紫红色；雌花柱头2，2深裂；蒴果2瓣裂开。

校园分布： 盘旋路校区钟灵园、榆中校区干旱室、芝兰苑附近有栽培。

相 似 种： 河北杨（*Populus × hopeiensis*）乔木[④]；树皮黄绿色至灰白色；树冠圆大[④]；芽长卵形或卵圆形，无黏质；叶卵形或近圆形，边缘有弯曲或不弯曲波状粗齿，齿端锐尖，内曲[⑤]；雄花序苞片褐色，掌状分裂，裂片边缘具白色长毛；雌花序苞片赤褐色，边缘有长白毛；柱头2裂。河北杨是山杨（*Populus davidiana*）和毛白杨（*Populus tomentosa*）的天然杂交种，且常出现复交情况，因此树形、树皮及叶形变化很大，有时近似山杨，有时近似毛白杨。榆中校区教工公寓9号楼附近有栽培。

❉ **识别要点：** 山杨短枝叶缘为波状锯齿，叶通常为圆形；河北杨短枝叶边缘有弯曲或不弯曲波状粗齿，齿端锐尖，内曲，叶通常为宽卵形。

加杨 加拿大白杨

Populus × canadensis | Canadian Poplar

◎ 杨柳科　杨属

形态特征： 高大乔木[1]；树皮粗厚，深沟裂，树冠卵形；萌发枝及苗茎棱角明显；芽大，先端反曲，初为绿色，后变为褐绿色，富黏质[3]；叶三角形或三角状卵圆形[4]，长枝和萌发枝叶较大，有圆锯齿[4]；叶柄侧扁而长；花先叶开放，柔荑花序[2][3]；雄花每花雄蕊 15～25；苞片不整齐，丝状深裂；雌花序有花 45～50 朵，柱头 4 裂；蒴果卵圆形，先端锐尖，2～3 瓣裂。

物种档案： 加杨是黑杨(*Populus nigra*)和北美杨(*Populus deltoides*)的杂交种。加杨耐瘠薄及微碱性土壤，扦插易活，生长迅速，是良好的绿化树种。

校园分布： 榆中校区闻欣堂附近、东区操场附近、萃英山有栽培。

响叶杨

Populus adenopoda | Chinese Aspen

◎ 杨柳科　杨属

形态特征： 乔木[1]；树皮灰白色，光滑，老时深灰色，纵裂；冬芽圆锥形，无毛，有黏质；叶卵状圆形或卵形[3]，边缘有内弯钝锯齿，齿端有腺体；叶柄扁平，顶端有 2 个显著腺体[2]；幼树或萌发枝的叶较大；雄花序苞片边缘条裂，有长睫毛；蒴果卵状长椭圆形，先端锐尖，无毛，有短柄，2 瓣裂。

名称溯源： 响叶杨的种加词 *adenopoda* 意为具有腺体的，其叶柄顶端有 2 个显著腺体。

物种档案： 模式标本采自陕西汉江。响叶杨速生，根萌芽性强，天然更新良好。木材供建筑、器具、造纸等用，叶可作饲料。

校园分布： 榆中校区萃英山下有栽培。

胡杨

Populus euphratica | Euphrates Poplar

◎ 杨柳科　杨属

形态特征: 乔木[2]；苗期和萌发枝叶披针形或线状披针形；叶形多变化，卵圆形、卵圆状披针形、三角状卵圆形或肾形[1]，两面同色；雄花序苞片略呈菱形；雌蕊柱头 3；蒴果长卵圆形。

人文掌故: 《后汉书·西域传》和《水经注》都记载着塔里木盆地有胡桐，即胡杨。维吾尔语称胡杨为托克拉克，意为"最美丽的树"。西汉时期，楼兰的胡杨覆盖率至少在 40% 以上，人们的吃、住、行都得靠胡杨。胡杨有"生而千年不死，死而千年不倒，倒而千年不烂"的传说。

物种档案: 兰州大学以胡杨这种"坚韧不拔"的精神作为大学象征。2013 年，国际著名综合学术刊物 *Nature Communications* 发表了草地农业生态系统国家重点实验室刘建全教授课题组有关胡杨抗逆机制的最新研究成果。

校园分布: 榆中校区南区种质资源库有栽培。

相 似 种: 灰胡杨（*Populus pruinosa*）小乔木；萌发枝叶椭圆形[3][4]，两面被灰色绒毛；短枝叶肾形。灰胡杨分布于新疆，国家三级保护渐危种。榆中校区南区种质资源库有栽培。

❋**识别要点:** 胡杨的叶形多样；灰胡杨的萌发枝叶椭圆形，短枝叶肾形。

青杨

Populus cathayana | Cathay Poplar

◎ 杨柳科　杨属

形态特征: 乔木[1]；芽长圆锥形，多黏质；短枝叶卵形或椭圆状卵形[1][3]左，最宽处在中部以下，基部圆形，具圆锯齿，下面绿白色，侧脉 5~7；长枝或萌发枝叶卵状长圆形，基部常微心形；雄花序苞片条裂，无毛；雌花柱头 2~4 裂；蒴果卵圆形[2]，（2）3~4 瓣裂。

物种档案: 我国特有植物。

校园分布: 榆中校区萃英山下道路旁有栽培。

相 似 种: 小叶杨（*Populus simonii*）乔木；树皮灰绿色，老时色暗，纵裂；冬芽细长，稍有黏质；叶菱状卵形、菱状椭圆形或菱状倒卵形[3]右[4]，中部以上较宽，边缘有小钝齿，无毛，下面淡绿白色；雄花序长苞片边缘条裂，雄蕊 8~9；蒴果 2~3 瓣裂开。榆中校区东区操场附近有栽培。

❋**识别要点:** 青杨的叶最宽处在中下部，小叶杨的叶最宽处在中部和中上部。

阿富汗杨

Populus afghanica | Afghan Poplar

◎ 杨柳科　杨属

形态特征： 中等乔木[1]；树冠宽阔开展；树皮淡灰色；萌发枝叶菱状卵圆形
或倒卵形，基部楔形；短枝下部叶较小，倒卵圆形或卵圆形，基
部楔形；中部叶宽长近相等，圆状卵圆形；上部叶较大，三角状
圆形或扁圆形[1][2]，宽等于或略大于长；蒴果 2 瓣裂。

校园分布： 榆中校区干旱室内栽培。

相似种 1： 钻天杨（_Populus nigra_ var. _italica_）乔木[3]；树皮暗灰褐色[4]，老
时沟裂，黑褐色；树冠圆柱形[3]；长枝叶扁三角形，通常宽大于长，
边缘钝圆锯齿；短枝叶菱状三角形。盘旋路校区毓秀湖附近有
栽培。

相似种 2： 箭杆杨（_Populus nigra_ var. _thevestina_）本变种极似钻天杨[5]，但树
皮灰白色[6]；叶较小，基部楔形；萌发枝叶长宽近相等。箭杆杨
很早栽培，至今未发现野生种。盘旋路校区家属院有栽培。

✳ **识别要点：** 阿富汗杨叶柄圆柱形，钻天杨和箭杆杨叶柄侧扁；钻天杨
长短枝叶宽大于长，树皮暗灰色；箭杆杨长枝叶长宽近等长，树皮灰
白色。

垂柳

Salix babylonica | Babylon Willow

◎ 杨柳科　柳属

形态特征： 落叶乔木[1]；小枝细长，下垂[1][2]；叶矩圆形、狭披针形或条状披
针形[2]，边缘有细锯齿；柔荑花序（雄花序[3]；雌花序[4]）；雄花
序苞片椭圆形，外面无毛，边缘有睫毛，雄蕊 2，离生，基部有
长柔毛，有 2 腺体；雌花序苞片狭椭圆形，腹面有 1 腺体；子房
无毛，柱头 2 裂。

名称溯源： 垂柳原产中国，现广为栽培。垂柳的种加词 _babylonica_ 是因为林
奈在 1736 年命名该植物时误解了产地，写成了巴比伦柳。

人文掌故： 《诗经·小雅·采薇》中有经典名句"昔我往矣，杨柳依依"；
宋代苏轼的词《蝶恋花·春景》中有"枝上柳绵吹又少，天涯何
处无芳草"的词句；唐代贺知章有诗《咏柳》："碧玉妆成一树高，
万条垂下绿丝绦。不知细叶谁裁出，二月春风似剪刀。"

物种档案： 垂柳多用插条繁殖，是优美的绿化树种。柳属约 520 种，我国
257 种 122 变种 33 变型。

校园分布： 各校区均有栽培。

旱柳

Salix matsudana | Dryland Willow

◎ 杨柳科　柳属

形态特征： 乔木①；小枝直立或开展①，叶披针形，边缘有明显锯齿；托叶披针形，边缘有锯齿；苞片卵形，外面中下部有白色短柔毛；腺体2；雄蕊2，花丝基部有疏柔毛；无花柱或很短；蒴果2瓣裂。

名称溯源： 旱柳的种加词 *matsudana* 源于日本植物学家 Sadahisa Matsuda 的姓。

人文掌故： 晚清名臣左宗棠曾任陕甘总督，西进收复新疆时，要求有路必有树，主要栽种的是西北地区常见的旱柳，后人称之为"左公柳"。左宗棠的老部下杨昌浚还留下了这样的诗句："大将筹边未肯还，湖湘子弟满天山，新栽杨柳三千里，引得春风度玉关。"

校园分布： 盘旋路校区校医院附近、2号化学楼附近、钟灵园有栽培。

栽培品种1： 龙爪柳（*Salix matsudana* 'Tortusoa'）枝卷曲②③。盘旋路校区出版社附近、榆中校区昆仑堂附近有栽培。

栽培品种2： 馒头柳（*Salix matsudana* 'Umbraculifera'）树冠半圆形，如馒头状④。榆中校区后市场附近有栽培。

皂柳

Salix wallichiana | Wallich Willow

◎ 杨柳科　柳属

形态特征： 灌木或乔木①；小枝红褐色、黑褐色或绿褐色①；叶披针形、长圆状披针形①④，上面初有丝毛，后无毛，平滑，下面淡绿色或有白霜，全缘；花序先叶开放或近同放①；柔荑花序（雄花序②；雌花序③）；雄蕊2，黄色，花丝纤细，离生，无毛或基部有疏柔毛；苞片赭褐色或黑褐色，两面有白色长毛；雌花序圆柱形③；子房窄圆锥形①③，密被柔毛，柱头2~4裂；蒴果开裂后果瓣向外反卷。

物种档案： 枝条可编筐篓，板材可制木箱；根入药，可治疗风湿性关节炎。

校园分布： 榆中校区昆仑堂北侧有分布。

早开堇菜

Viola prionantha | Serrate Violet

◎ 堇菜科　堇菜属

形态特征: 多年生草本[1][2]；叶片在花期呈长圆状卵形、卵状披针形[1]；果期叶片显著增大，三角状卵形[2]；花紫堇色或淡紫色，喉部色淡有紫色条纹[1]；萼片基部具附属物；上方花瓣向上方反曲[1]，侧方花瓣里面基部通常有须毛；蒴果成熟时 3 瓣裂[2]。

物种档案: 堇菜属 500 余种，我国约有 111 种。

校园分布: 榆中校区将军苑广泛分布。

相 似 种: 紫花地丁（*Viola philippica*）多年生草本[3][4]；叶基生，莲座状[3][4]；叶长圆形、狭卵状披针形或长圆状卵形[3][4]，果期叶片增大；花紫堇色或淡紫色，喉部色较淡并带有紫色条纹[3]；萼片基部附属物短；侧方花瓣里面无毛或有须毛；花柱前方具短喙；蒴果成熟时 3 瓣裂[4]。榆中校区西区教学楼附近有分布。

❋ **识别要点:** 早开堇菜叶三角状卵形；紫花地丁叶长圆形。

裂叶堇菜　深裂叶堇菜

Viola dissecta | Dissected Violet

◎ 堇菜科　堇菜属

形态特征: 多年生草本[1]；无地上茎，植株高度变化大；叶轮廓呈圆形、肾形或宽卵形[1][4]，通常 3，稀 5 全裂，小裂片线形、长圆形或狭卵状披针形[1][4]；托叶近膜质，苍白色至淡绿色，约 2/3 以上与叶柄合生，离生部分狭披针形；花淡紫色至紫堇色[1][2][3]；花梗通常与叶等长或稍超出于叶，果梗通常比叶短；上方花瓣上部微向上反曲，侧方花瓣里面基部有长须毛[1][3]；距末端钝而稍膨胀[2]；子房卵球形，无毛，花柱棍棒状，基部稍细并微向前方膝曲；蒴果长圆形或椭圆形。

校园分布: 榆中校区羽毛球场附近、萃英山上有分布。

亚麻 胡麻

Linum usitatissimum | Common Flax

◎ 亚麻科 亚麻属

形态特征： 一年生草本[1]；叶互生[1]；叶线状披针形或披针形[1]；花单生于枝顶或枝的上部叶腋[1]；花瓣 5，蓝色[1][2]；雄蕊 5，退化雄蕊 5；花柱 5；蒴果球形[3]，顶端具喙，室间开裂成 5 瓣；种子 10 粒，长圆形，扁平，棕褐色。

物种档案： 亚麻起源于地中海沿岸，是重要的纤维、油料和药用植物。亚麻的韧皮部纤维构造如棉，细长而有光泽，强韧弹性，黄白色，是最优良的纺织原料。古埃及时代就有人工栽培的亚麻，埃及各地的"木乃伊"就是用亚麻布包裹的。亚麻属约 200 种，我国约有 9 种。

校园分布： 榆中校区南区种质资源库有栽培。

垂果亚麻 贝加尔亚麻

Linum nutans | Nutantfruit Flax

◎ 亚麻科 亚麻属

形态特征： 草本[1]；茎生叶狭条形或条状披针形[1]；花紫蓝色[1][2]，直立或稍偏向一侧弯曲[1]；萼片 5；花瓣 5[2]；雄蕊 5，退化雄蕊 5；花柱 5，分离；蒴果近球形。

名称溯源： 垂果亚麻的种加词 *nutans* 意为下垂的。

物种档案： 模式标本产于甘肃兰州。

校园分布： 榆中校区萃英山广泛分布。

相似种： 宿根亚麻（*Linum perenne*）多年生草本；叶互生，叶片狭条形或条状披针形[3]；聚伞花序，花蓝色[3][4]；萼片 5；花瓣 5[3][4]；雄蕊 5，退化雄蕊 5；花柱 5，长于雄蕊[4]；蒴果近球形。榆中校区萃英山零星分布。

✳ **识别要点：** 垂果亚麻花柱与雄蕊等长；宿根亚麻花柱比雄蕊长。

鼠掌老鹳草

Geranium sibiricum | Siberian Cranesbill

◎ 牻牛儿苗科　老鹳草属

形态特征： 一年生或多年生草本[1]；叶对生，叶肾状五角形，茎生叶通常5深裂[1]；总花梗单生于叶腋，具1花或偶具2花；花瓣淡紫色或白色[2]；雄蕊10；成熟后花柱伸长，蒴果5个果瓣与中轴分离，沿主轴从基部向上端反卷开裂[3]。

名称溯源： 鼠掌老鹳草的属名 *Geranium* 来源于希腊语 geranos，意为鹤，指果实的顶端细长，形状如鹤的长喙。

物种档案： 老鹳草属约400种，我国约55种和5变种。

校园分布： 榆中校区广泛分布。

相 似 种： 野老鹳草（*Geranium carolinianum*）一年生草本[4]；叶圆肾形，下部互生，上部对生，5~7深裂[4][5]，每裂再3~5裂；花成对集生于茎端或叶腋；萼片宽卵形，有长白毛，在果期增大；花瓣淡红色[4][5]；蒴果顶端有长喙[5]，成熟时裂开5瓣，果瓣向上卷曲。榆中校区闻欣堂附近有分布。

❋ **识别要点：** 鼠掌老鹳草的总花梗单生于叶腋，具1花或偶具2花；野老鹳草的总花梗数个集生在茎顶，呈伞形状花序。

牻牛儿苗

Erodium stephanianum | Common Heron's Bill

◎ 牻牛儿苗科　牻牛儿苗属

形态特征： 一年生草本[1]；平铺地面或稍斜升[1]；茎多分枝；叶对生，二回羽状深裂[1]，羽片5~9对；伞形花序腋生，通常有2~5花[2]；萼片先端有长芒[2]；花瓣5，紫蓝色[1][2]；雄蕊10，外轮5，无花药；蒴果顶端有长喙[3]，成熟时5个果瓣与中轴分离。

名称溯源： 牻牛儿苗的属名 *Erodium* 是希腊语苍鹭的意思，指果喙；种加词 *stephanianum* 是细叶的意思。

物种档案： 牻牛儿苗属约90种，我国已知有4种。

校园分布： 榆中校区广泛分布。

相 似 种： 芹叶牻牛儿苗（*Erodium cicutarium*）一年生或二年生草本[4]，全体有白色柔毛；茎直立或斜升[4]，通常多株簇生；基生叶多数，二回羽状深裂[4]；伞形花序腋生，5~10花；萼片有腺毛，锐尖头，无芒[5]；花瓣紫色或淡红色[5]；蒴果顶端有长喙[6]。榆中校区天山堂附近有分布。

❋ **识别要点：** 牻牛儿苗总花柄无腺毛，萼片先端有长芒；芹叶牻牛儿苗花柄有白色疏长腺毛，萼片先端无长芒。

千屈菜

Lythrum salicaria | Purple Loosestrife

◎ 千屈菜科　千屈菜属

形态特征： 多年生草本[①]；叶对生或 3 枚轮生，狭披针形[④]；总状花序顶生[①②]；花两性，数朵簇生于叶状苞片腋内；花萼筒状，顶端具 6 齿，萼齿之间有尾状附属体；花瓣 6，紫色[②③]，生于萼筒上部；雄蕊12，6 长 6 短，排成 2 轮；蒴果 2 裂，裂片再 2 裂。

名称溯源： 千屈菜的属名 *Lythrum* 是希腊语红色的意思；种加词 *salicaria* 是柳叶的意思。

物种档案： 千屈菜可作为花卉植物，常栽培于水边或作盆栽。全草入药，可用于治疗肠炎、痢疾、便血。千屈菜被列入"世界百大外来入侵种"之一。千屈菜属约 35 种，我国有 4 种。

校园分布： 盘旋路校区钟灵园有小片栽培。

紫薇　痒痒树

Lagerstroemia indica | Common Carpemyrtle

◎ 千屈菜科　紫薇属

形态特征： 落叶小乔木或灌木[①]；叶椭圆形至倒卵形[①]；圆锥花序顶生[①③]；花淡红色、紫色或白色[①②③]；花萼半球形，顶端 6 浅裂；花瓣 6[②]，呈皱缩状，边缘有不规则缺刻，基部具长爪[②]；雄蕊多数[②]，通常外轮 6 枚较长；蒴果近球形，基部具宿存花萼。

名称溯源： 紫薇的属名 *Lagerstroemia* 来源于瑞典商人 Magnus von Lagerstroem（1691－1759），他为林奈提供了这种植物的标本。

物种档案： 紫薇各地普遍栽培。紫薇树长大以后，树干外皮落下，光滑无皮，一触动树干，全树的枝叶都在晃动，就如同全身发痒似的，故名"痒痒树"。紫薇属约 55 种，我国有 16 种。

校园分布： 盘旋路校区正门口、丹桂苑附近有栽培。

石榴

Punica granatum | Pomegranate

◎ 千屈菜科　石榴属

形态特征： 落叶灌木或乔木[1]；枝顶常形成尖锐长刺，叶通常对生，矩圆状披针形[1][2]；花 1~5 朵生枝顶[1][2][3]；萼筒通常红色或淡黄色，裂片略外展[1][2][3][4]；花瓣红色、黄色或白色[1][2][3]；花柱长度超过雄蕊；浆果近球形，通常为淡黄褐色或淡黄绿色[4]；种子多数，肉质的外种皮供食用。

系统变化： 石榴属在《中国植物志》中属于石榴科，在 _Flora of China_ 和 APG Ⅲ 系统中并入千屈菜科。

名称溯源： 《博物志》云："汉张骞出使西域，得涂林安石国榴种以归，故名安石榴。"

人文掌故： 石榴原产自西域，许多姑娘取名"阿娜尔古丽"（即石榴花）。宋代王安石有诗《石榴》："万绿丛中一点红，动人春色不须多。"

物种档案： 石榴是西班牙的国花。石榴属 2 种，我国引入栽培 1 种。

校园分布： 盘旋路校区正门口、钟灵园有零星栽培。

小果白刺

Nitraria sibirica | Siberian Nitraria

◎ 白刺科　白刺属

形态特征： 灌木[2]；多分枝，枝铺散[2]；小枝灰白色，不孕枝先端刺状；叶近无柄，在嫩枝上 4~6 片簇生；聚伞花序[1][2]；萼片 5，绿色；花瓣黄绿色或近白色[1][2][3]；果椭圆形或近球形，熟时暗红色，果汁暗蓝色，带紫色，味甜而微咸。

系统变化： 白刺属在《中国植物志》中属于蒺藜科，在 _Flora of China_ 和 APG Ⅲ 系统中独立为白刺科。

名称溯源： 小果白刺的属名 _Nitraria_ 在拉丁语中意为碱、硝，说明白刺属植物多生于盐碱荒漠地区。

物种档案： 小果白刺的分布范围很广，植物形态变幅也大。白刺属 11 种，我国有 6 种和 1 变种。

校园分布： 榆中校区萃英山水泵加压站附近有分布。

多裂骆驼蓬 匐根骆驼蓬

Peganum multisectum | Multifid Peganum

◎ 白刺科 骆驼蓬属

形态特征： 多年生草本[1]，嫩时被毛；全株具浓烈气味；茎平卧[1]；叶互生，2~3 回深裂[1][3]；萼片 3~5 深裂，果期宿存[3]；花单生，与叶对生，花瓣 5，淡黄色[2]；雄蕊 15，短于花瓣，基部宽展；雌蕊由 3~4 心皮组成，子房 3~4 室；蒴果近球形[4]，顶部稍平扁。

系统变化： 骆驼蓬属在《中国植物志》中属于蒺藜科，在 *Flora of China* 中属于骆驼蓬科，在 APG III 系统中属于白刺科。

物种档案： 我国特有种。模式标本产于我国西北，存于俄罗斯圣彼得堡。骆驼蓬属 6 种，我国有 3 种。

校园分布： 榆中校区广泛分布。

红叶 灰毛黄栌

Cotinus coggygria var. *cinerea* | Ash-coloured Smoketree

◎ 漆树科 黄栌属

形态特征： 落叶灌木或小乔木[1]；单叶互生，卵圆形至倒卵形[4]，先端圆或微凹，侧脉二叉状，叶两面或背面有灰色柔毛；花杂性，小而黄色[3]；顶生圆锥花序[1][2]，有柔毛；果序上有许多伸长成紫色羽毛状的不孕性花梗[1][2]；核果小，肾形。

名称溯源： 红叶的属名 *Cotinus* 来源于拉丁文，意为一种可提取黄色染料的植物，古代该属植物可作为黄色染料。

物种档案： 红叶是黄栌（*Cotinus coggygria*）的变种，春夏绿色，入秋之后渐渐变红，尤其到深秋，整个叶片变得火红，是我国重要的观赏红叶树种。黄栌属约 5 种，我国有 3 种。

校园分布： 榆中校区南区种质资源库有栽培。

火炬树

Rhus typhina | Staghorn Sumac

◎ 漆树科　盐肤木属

形态特征： 落叶小乔木[1][2]；树皮灰褐色；小枝密生长绒毛；奇数羽状复叶，小叶 11～31[4]，长椭圆状披针形，缘有锯齿，叶轴无翅[4]；雌雄异株；花淡绿色，有短柄；顶生圆锥花序，密生毛；萼片、花瓣、雄蕊均为 5；果红色，有毛，密集成圆锥状火炬形[2][3]。

名称溯源： 火炬树的属名 *Rhus* 是植物原名，意为有红色的；种加词 *typhina* 指枝条像含绒毛的鹿角。

物种档案： 火炬树原产于北美。火炬树除作为风景林观赏外，也可用作荒山绿化及水土保持树种。1959 年由中国科学院植物研究所引种，1974 年以来向全国各省区推广。

校园分布： 榆中校区南区有较多栽培。

盐肤木　五倍子树

Rhus chinensis | Chinese Sumac

◎ 漆树科　盐肤木属

形态特征： 灌木或小乔木[1]，高 2～10 m；小枝棕褐色，被锈色柔毛；单数羽状复叶互生，叶轴及叶柄常有翅[3][4]；小叶 7～13[3][4]，纸质，边有粗锯齿；圆锥花序宽大，多分枝[1][2]；雄花序长 30～40 cm，雌花序较短；花小，杂性，黄白色；萼片 5～6，花瓣 5～6；核果近扁圆形，直径约 5 mm，红色，有灰白色短柔毛。

物种档案： 盐肤木为五倍子蚜虫的寄主植物，在幼枝和叶上形成虫瘿，即五倍子，可作为提取单宁、鞣酸和制作黑色染料的原料；没食子酸又名五倍子酸，是从该植物中分离出来的，没食子酸对淋巴瘤有疗效。盐肤木属约 250 种，我国有 6 种。

校园分布： 盘旋路校区毓秀湖东侧有栽培。

文冠果

Xanthoceras sorbifolium | Shinyleaf Yellowhorn

◎ 无患子科　文冠果属

形态特征： 落叶灌木或小乔木[1]；小叶 4~8 对，边缘有锐利锯齿，顶生小叶通常 3 深裂；两性花的花序顶生，雄花序腋生；花瓣白色[1][2]，基部紫红色或黄色[2]，有清晰的脉纹，爪的两侧有须毛；花盘的角状附属体橙黄色[3]；花丝无毛；蒴果，室背开裂为 3 瓣[4]。

名称溯源： 文冠果的属名 *Xanthoceras* 指黄色的角，因为秋季叶尖给命名人留下了深刻印象；种加词 *sorbifolium* 指像花楸叶的。

物种档案： 文冠果花美、叶奇、果香，具有极高的观赏价值，是珍贵的园林绿化资源；种子可食，是我国北方很有发展前途的木本油料植物；幼叶、花均可食用。文冠果属仅有文冠果 1 种。

校园分布： 榆中校区南区种质资源库有栽培。

元宝槭　平基槭、五角枫

Acer truncatum | Purpleblow Maple

◎ 无患子科　槭属

形态特征： 落叶乔木[1]；单叶对生，常 5 裂[3]，基部截形[3]，主脉 5 条，掌状；伞房花序顶生[2]；雄花与两性花同株；萼片 5，黄绿色；花瓣 5，黄色或白色[2]；雄蕊 8；子房扁形；小坚果扁平，翅常与果等长，张开成钝角[4]。

系统变化： 槭属在《中国植物志》和 *Flora of China* 中属于槭树科，在 APG Ⅲ 系统中将槭树科和七叶树科都合并到无患子科中。

名称溯源： 元宝槭的种加词 *truncatum* 指截形的叶片基部。

人文掌故： 四川大学教授方文培及其子是槭属和杜鹃花科的研究专家，也是植物分类学界的著名的父子兵。

物种档案： 槭属共有 129 种，中国有 99 种，多为特产种。

校园分布： 盘旋路校区体育馆西侧、榆中校区将军苑有栽培。

红槭 红叶鸡爪槭、红枫

Acer palmatum 'Atropurpureum' | Redleaf Japanese Maple

◎ 无患子科　槭属

形态特征： 落叶小乔木，树高 2~4 m[①]；树皮深灰色，枝条多细长光滑，偏紫红色[②]；叶片深紫叶色，掌状，5~7 深裂[②③]，裂片卵状披针形，先端尾状尖，边缘有重锯齿；花顶生伞房花序，花紫色，花瓣 5；雄蕊 8；子房无毛，2 裂；翅果嫩时紫红色，成熟时淡棕黄色，两翅间成钝角。

名称溯源： 红槭的种加词 *palmatum* 意为掌状叶的。

物种档案： 红槭为鸡爪槭（*Acer palmatum*）的品种，其叶形美观，叶片深紫红色，叶艳如花，为优良的观叶树种。该种大约有 400 多个栽培园艺品种。

校园分布： 盘旋路校区研究生公寓 10 号楼附近有栽培。

建始槭 三叶枫

Acer henryi | Henry's Maple

◎ 无患子科　槭属

形态特征： 落叶小乔木[①]；复叶，由 3 小叶组成[③]，小叶椭圆形或长圆状椭圆形，全缘或近先端部分有稀疏的 3~5 个钝锯齿；总状花序下垂[②③]，有短柔毛，常生于 2~3 年生的老枝上；花杂性异株；萼片 4（校园分布的这一株建始槭花萼 4，《中国植物志》描述为萼片 5，*Flora of China* 描述为萼片 4），花瓣 5，短小或不发育（*Flora of China* 描述为花瓣 4）；总状果序下垂；翅果嫩时淡紫色，成熟后黄褐色，张开成锐角或直立。

物种档案： 模式标本采自湖北省建始县，我国特有植物。

校园分布： 榆中校区小花园有栽培，仅见一株。

梣叶槭 复叶枫、复叶槭

Acer negundo | Ashleaf Maple

◎ 无患子科　槭属

形态特征： 落叶乔木；羽状复叶，小叶 3~5（或 7~9）[3]，小叶具 3~5 对粗锯齿，下面淡绿色，侧脉 5~7 对；先叶开花[1]；雄花序聚伞状，雌花序总状[2]，下垂；花单性，雌雄异株；无花瓣[1]；雄蕊 4~6；翅果[2]，两翅成锐角或近直角。

物种档案： 梣叶槭原产于北美洲，美洲现存最古老的长笛使用的材料就是梣叶槭。近百年内引种于我国，在多个城市都有栽培。梣叶槭早春开花，花蜜丰富，是很好的蜜源植物；其生长迅速，树冠广阔，夏季遮阴条件良好，可作为行道树或庭园树。

校园分布： 盘旋路校区天演楼前、医学校区正门口有栽培。

七叶树

Aesculus chinensis | Chinese Buckeye

◎ 无患子科　七叶树属

形态特征： 落叶乔木[3]；掌状复叶对生；小叶 5~7[1]，边缘具钝尖的细锯齿，侧脉 13~17 对；圆锥花序[2]；花杂性，白色[2]；花萼 5 裂；花瓣 4，不等大；雄蕊 6；子房在雄花中不发育；蒴果球形，顶端扁平略凹，密生疣点。

系统变化： 七叶树属在《中国植物志》和 *Flora of China* 中属于七叶树科，在 APG Ⅲ 系统中将槭树科和七叶树科都合并到无患子科中。

名称溯源： 七叶树的属名 *Aesculus* 指可食用的橡子。

物种档案： 我国特有植物。模式标本采自北京西山。七叶树是优良的行道树和庭园树种。七叶树属约 30 余种，我国产 10 种。

校园分布： 盘旋路校区家属院、榆中校区南区种质资源库有栽培。

复羽叶栾树

Koelreuteria bipinnata | Bougainvillea Goldraintree

◎ 无患子科　栾树属

形态特征： 落叶乔木[①]；叶为二回羽状复叶[③]，对生；小叶 9～15 枚[③]，边缘有不整齐的锯齿或有时全缘；圆锥花序顶生[①]；花黄色[②]；蒴果卵形[③]，顶端圆形，有突尖头，3 瓣裂。

名称溯源： 复羽叶栾树的属名 *Koelreuteria* 来源于人名 Joseph G. Koelreuter（1733 — 1806），其为德国植物学家；种加词 *bipinnata* 指双（复）羽状复叶。

物种档案： 复羽叶栾树为速生树种，常栽培于庭园供观赏。栾树属 4 种，我国有 3 种 1 变种。

校园分布： 榆中校区博物馆前有栽培。

相 似 种： 栾树（*Koelreuteria paniculata*）落叶乔木；一回羽状复叶或不完全二回羽状复叶[④][⑤][⑥]，小叶 7～15，边缘具锯齿或羽状分裂[⑥]；圆锥花序顶生[④]；花淡黄色[④]，中心紫色；萼片 5，有睫毛；花瓣 4；蒴果肿胀，长卵形[⑤]，顶端锐尖，边缘有膜质薄翅 3 片。栾树耐寒耐旱，常栽培作庭园观赏树。盘旋路校区钟灵园、校出版社北侧有栽培。

❋ **识别要点：** 复羽叶栾树为二回羽状复叶，栾树为一回或不完全二回羽状复叶。

花椒

Zanthoxylum bungeanum | Bunge Pricklyash

◎ 芸香科　花椒属

形态特征： 落叶小乔木[①]；枝有短刺，小枝上的刺基部宽而扁，叶有小叶 5～13 片[①][④]，叶轴常有甚狭窄的叶翼；花被片 6～8 片，黄绿色；雄花的雄蕊 5～8 枚；退化雌蕊顶端浅裂；雌花有心皮 3 或 2 个，间有 4 个；果紫红色，分果散生微凸起的油点[②][③]。

名称溯源： 花椒的属名 *Zanthoxylum* 是希腊语黄色木的意思，指该属某些种类的根是黄色颜料的原料；种加词 *bungeanum* 源于命名人恩师 Alexander G. von Bunge（1803 — 1890）的姓。

人文掌故： 古代人认为花椒的香气可辟邪，有些朝代的宫廷，用花椒渗入涂料糊墙壁，这种房子称为"椒房"，是给皇后住的，后来就以椒房比喻宫女后妃。花椒结果多，《诗经·唐风·椒聊》有"椒聊之实，蕃衍盈升"之句。

物种档案： 花椒的果实及种子中多含有生物碱和香豆素，香豆素通常都存在辛辣和麻舌成分。河北省满城县发掘的西汉中山王刘胜墓（公元前 113 年）的出土文物中有保存良好的花椒。

校园分布： 盘旋路校区家属院、榆中校区有零星栽培。

臭檀吴萸

Tetradium daniellii | Korean Evodia

◉ 芸香科　四数花属

形态特征： 乔木；奇数羽状复叶[3]；小叶 5～11[3]，具细钝锯齿；伞房状聚伞花序顶生[1][2][4]；萼片及花瓣均为 5；萼片卵形；雄花退化雌蕊圆锥状，4～5 裂；雌花退化雄蕊鳞片状；果瓣紫红色[1][4]，干后淡黄或淡褐色[2]，顶端具 1～2.5（3）mm 芒尖，每果瓣 2 枚种子；种子卵形，褐黑色[2]，有光泽。

系统变化： 臭檀吴萸在《中国植物志》中属于吴茱萸属（*Evodia*），在 *Flora of China* 中属于四数花属（*Tetradium*）。

名称溯源： 臭檀吴萸的属名 *Tetradium* 是 "四" 的意思，指花基数为 4 的倍数；种加词 *daniellii* 为纪念英国外科医生和植物学家 William Freeman Daniell（1818－1865）。

物种档案： 模式标本采自北京市郊。

校园分布： 盘旋路校区天演楼前面有栽培，仅见一株。

臭椿

Ailanthus altissima | Tree of Heaven

◎ 苦木科　臭椿属

形态特征： 落叶乔木[1]；树皮平滑而有直纹[5]；叶为奇数羽状复叶，有小叶 13～27[2]；小叶齿背有腺体 1 个，揉碎后具臭味；圆锥花序[2]；花淡绿色[3]；萼片 5；花瓣 5[2]；雄蕊 10；心皮 5，花柱黏合，柱头 5 裂；翅果长椭圆形[4]；种子位于翅的中间[4]。

名称溯源： 臭椿的属名 *Ailanthus* 是神树的意思；种加词 *altissima* 意为最高的。

人文掌故： 臭椿在古代称为 "樗"，《诗经·小雅·我行其野》中有记载："我行其野，蔽芾其樗。婚姻之故，言就尔居。尔不我畜，复我邦家。" 臭椿被用来比兴，象征着时运不济。

物种档案： 臭椿原产于东亚，为园林风景树和行道树。臭椿属约 10 种，我国有 5 种 2 变种。

校园分布： 盘旋路校区积石堂北侧、榆中校区网球场附近有零星分布。

香椿

Toona sinensis | Chinese Mahogany

◎ 楝科　香椿属

形态特征： 落叶乔木；树皮片状剥落⑤；偶数羽状复叶①，有特殊气味；小叶10~22①，对生；圆锥花序顶生①②；花芳香；花瓣 5，白色②；有退化雄蕊 5，与 5 枚发育雄蕊互生③；蒴果狭椭圆形或近卵形，5 瓣裂开④。

名称溯源： 香椿的属名 _Toona_ 是印度语的植物原名。

人文掌故： 《庄子·逍遥游》中记载："上古有大椿者，以八千岁为春，八千岁为秋，"说明香椿为长寿之木。成语"椿萱并茂"的意思是父母均健在、安康，其中"椿"和"萱"指的是香椿和萱草，分别代称父亲和母亲，因为香椿寿命很长，而象征母亲的萱草可以使人忘忧。

物种档案： 香椿属约 15 种，我国产 4 种 6 变种。

校园分布： 榆中校区将军苑有栽培，仅见一株。

❋ **识别要点：** 臭椿为奇数羽状复叶，香椿一般为偶数（稀奇数）羽状复叶；臭椿叶子有异臭，香椿叶子有较浓的香味；臭椿树干表面较光滑，不裂，香椿树干则常呈条块状剥落；臭椿果实为翅果，香椿果实为蒴果。

梧桐

Firmiana simplex | Phoenix Tree

◎ 锦葵科　梧桐属

形态特征： 落叶乔木①；树皮青绿色，光滑③；叶心形，掌状 3~5 裂①②，基生脉 7；圆锥花序顶生，花淡黄绿色；花萼 5，深裂近基部，萼片线形；雄花的花药 15 枚，不规则聚集在雌雄蕊柄的顶端，退化子房梨形且甚小；雌花子房球形，被毛；蓇葖果膜质，成熟开裂成叶状，每个蓇葖果有 2~4 粒种子。

系统变化： 梧桐属在《中国植物志》和 _Flora of China_ 中属于梧桐科，在 APG Ⅲ 系统中梧桐科并入锦葵科。

名称溯源： 梧桐的属名 _Firmiana_ 来源于人名 Karl Josephvon Firmian（1716—1782），其为德国植物学家。

人文掌故： 《诗经·大雅·卷阿》中云："凤凰鸣矣，于彼高冈。梧桐生矣，于彼朝阳。"这里用凤凰和鸣，歌声飘飞山岗；梧桐生长繁茂，身披灿烂朝阳来象征品格的高洁美好。"梧桐一叶落，天下尽知秋"，梧桐又是悲秋的代名词。

物种档案： 梧桐是我国传统的观赏名木。梧桐在《中国植物志》中的学名为 _Firmiana platanifolia_。梧桐属约有 15 种，我国有 3 种。

校园分布： 医学校区精诚楼南侧有栽培。

野西瓜苗 灯笼草

Hibiscus trionum | Flower of an Hour

◎ 锦葵科　木槿属

形态特征： 一年生直立或平卧草本；茎被白色星状粗毛；叶二型，下部的叶圆形，不分裂，上部的叶掌状，3～5深裂[2]；花单生于叶腋；小苞片12，线形，基部合生；花萼钟形[3]，淡绿色，裂片5，膜质，具纵向紫色条纹[3]，中部以上合生；花瓣5，淡黄色，内面基部紫色[1]；花药黄色；花柱5裂；蒴果爿5。

名称溯源： 野西瓜苗的属名 *Hibiscus* 是希腊语、拉丁语的植物原名。

物种档案： 野西瓜苗原生于地中海东部，为常见的田间杂草。全草、果实和种子可作药用，治疗烫伤、烧伤。

校园分布： 榆中校区南区有分布。

木槿 朝开暮落花

Hibiscus syriacus | Rose of Sharon

◎ 锦葵科　木槿属

形态特征： 落叶灌木[1]；叶菱形或三角状卵形，3裂或不裂，花单生枝端叶腋[1]；小苞片6～8；花萼裂片5；花冠钟形，淡紫色，花瓣5[1][2]；花柱分枝5，无毛；蒴果卵圆形，具短喙。

名称溯源： 木槿的种加词 *syriacus* 来源于国家名 Syria（叙利亚）。

人文掌故： 古人称木槿花为"舜华"，《诗经·郑风·有女同车》中的"有女同车，颜如舜华"，就是用木槿来形容女子漂亮。

物种档案： 木槿可用于园林观赏，栽培变型很多。木槿花是韩国的国花。木槿属200余种，我国有24种16变种或变型。

校园分布： 盘旋路校区钟灵园和榆中校区有零星栽培。

栽培变种： 粉紫重瓣木槿（*Hibiscus syriacus* var. *amplissimus*）花重瓣[3][4]，盘旋路校区研究生公寓10号楼附近和钟灵园有栽培。

野葵

Malva verticillata | Cluster Mallow

◎ 锦葵科　锦葵属

形态特征： 二年生草本[1]；叶肾形或圆形，通常为掌状 5~7 裂[1][2]，边缘具钝齿；
花 3 至多朵簇生于叶腋[1]；小苞片 3，线状披针形；花萼杯状，5 裂；
花冠长稍微超过萼片，淡白色至淡红色[1]，花瓣 5，先端凹入；花
柱分枝 10~11；果扁球形；分果爿 10~11。

名称溯源： 野葵的属名 *Malva* 是希腊语植物原名；种加词 *verticillata* 指的是
轮生叶。

物种档案： 野葵叶片可食。锦葵属约 30 种，我国有 4 种。

校园分布： 榆中校区有零星分布。

相　似　种： 圆叶锦葵（*Malva pusilla*）多年生草本[3]；分枝多而常匍生[3]；
叶肾形[3]，基部心形，边缘具细圆齿，偶为 5~7 浅裂；花通常
3~4 朵簇生于叶腋[3]；小苞片 3；花萼裂片 5；花白色至浅粉红
色[3][4]，花瓣 5；花柱分枝 13~15；果扁圆形，分果爿 13~15。圆
叶锦葵在《中国植物志》中的学名为 *Malva rotundifolia*。榆中校
区有零星分布。

❉ **识别要点：** 野葵植株高大，可高达 1 m；圆叶锦葵植株较小，高仅 20 cm。

锦葵

Malva cathayensis | Chinese Mallow

◎ 锦葵科　锦葵属

形态特征： 二年生或多年生直立草本；叶圆心形或肾形，具 5~7 圆齿状钝
裂片，基部近心形至圆形，边缘具圆锯齿；花 3~11 朵簇生；小
苞片 3；萼裂片 5；花紫红色或白色[1][2]，花瓣 5，先端微缺[1][2]；
花柱分枝 9~11；果扁圆形，分果爿 9~11。

名称溯源： 锦葵的种加词 *cathayensis* 来源于 Cathay，指长江以北的中国，也
是中国北部一个古民族名（契丹）。

人文掌故： 锦葵古代称为"荍"，最早记载于《诗经·陈风·东门之枌》："视
尔如荍，贻我握椒。"《植物名实图考》有云："锦葵……今荆
葵也，似葵紫色……小草多华少叶，叶又翘起……华紫绿色，可食，
微苦。"

物种档案： 我国各城市常见的栽培植物，偶有逸生。锦葵在《中国植物志》
中的学名为 *Malva sinensis*。

校园分布： 榆中校区有零星分布。

蜀葵

Alcea rosea | Hollyhock

◎ 锦葵科　蜀葵属

形态特征： 二年生直立草本[1]；叶近圆心形，掌状 5~7 浅裂[1]；花腋生[1]，具叶状苞片；小苞片常 6~7 裂[2]；萼钟状[2]，5 齿裂，裂片卵状三角形；花大，有红、紫、白、粉红、黄和黑紫等色[1][2][3]，单瓣或重瓣；花药黄色；花柱分枝多数；果盘状，分果爿多数[4]。

系统变化： 蜀葵在《中国植物志》中属于蜀葵属（*Althaea*），在 *Flora of China* 中原蜀葵属分为蜀葵属（*Alcea*）和药葵属（*Althaea*）。蜀葵在 *Flora of China* 中属于新的蜀葵属（*Alcea*）。

名称溯源： 蜀葵的属名 *Alcea* 是希腊语治疗的意思。

人文掌故：《西墅杂记》中有诗云："花如木槿花相似，叶比芙蓉叶一般，"便形容得是蜀葵。

物种档案： 蜀葵原产于中国四川，世界各地广泛栽培供园林观赏。

校园分布： 榆中校区广泛分布。

❋ **识别要点：** 锦葵的小苞片 3 片，离生；蜀葵的小苞片 6~7 片，基部合生。

苘麻　白麻

Abutilon theophrasti | Chingma Abutilon

◎ 锦葵科　苘麻属

形态特征： 一年生亚灌木状草本[1]；茎枝被柔毛；叶互生，圆心形[1]，先端长渐尖，基部心形，边缘具细圆锯齿；花单生于叶腋[1][2]；花萼杯状，裂片 5；花黄色[2]；雄蕊柱平滑无毛；心皮 15~20，顶端平截，排列成轮状，密被软毛；蒴果半球形，分果爿 15~20[1][3]，被粗毛，顶端具 2 长芒。

名称溯源： 苘麻的属名 *Abutilon* 是阿拉伯语植物原名；种加词 *theophrasti* 为纪念古希腊植物学家、哲学家 Theophrastus（371—287 BC）。

物种档案： 苘麻的茎皮纤维色白，具光泽，可编织麻袋、绳索、麻鞋等纺织材料。苘麻属约 150 种，我国产 9 种。

校园分布： 榆中校区零星分布。

狼毒　馒头花

Stellera chamaejasme | Chinese Stellera

◎ 瑞香科　狼毒属

形态特征： 多年生草本[2]；根圆柱状，肉质；茎单一不分枝[1]；叶互生[1]；茎生叶长圆形[1]；头状花序顶生，花被筒高脚碟状，里面白色，外面紫红色，先端 5 裂[1][2][3]；雄花多枚，雄蕊 10，2 轮；雌花 1 枚，花柱 3，中部以下合生；柱头不分裂；蒴果卵球状。

名称溯源： 狼毒的属名 *Stellera* 来源于人名 Georg Wilhelm Steller（1709 — 1746），其为德国植物学家。

物种档案： 狼毒的根状茎有大毒，茎与根含纤维可供造纸；根含淀粉，可以提取酒精。狼毒生长于草原，是草原退化的标志。狼毒属约 12 种，我国有 2 种。

校园分布： 榆中校区萃英山广泛分布。

旱金莲

Tropaeolum majus | Garden Nasturtium

◎ 旱金莲科　旱金莲属

形态特征： 一年生攀缘状肉质草本[1]；叶近圆形[1][2]；叶柄盾状着生于叶片的近中心处[1][2]；花黄色或橘红色[1][2][3]；萼片 5，基部合生，其中 1 片延长成距；花瓣 5[1][2][3]，上面 2 瓣常较大，下面 3 瓣较小，基部狭窄成爪；雄蕊 8；子房 3 室，柱头 3 裂；果实成熟时分裂成 3 个小核果。

名称溯源： 旱金莲的属名 *Tropaeolum* 来源于希腊语，意为奖章、奖牌和勋章。

物种档案： 旱金莲原产于南美洲，全草可食用。旱金莲有 8 枚雄蕊和 1 个花柱，开花期间，雄蕊和花柱依次成熟并上举，然后依次下降。旱金莲属约 80 种，我国引进旱金莲 1 种。

校园分布： 榆中校区附近有栽培。

涩荠 马康草

Malcolmia africana | African Malcolmia

◎ 十字花科 涩荠属

形态特征： 二年生草本[1]；植株密生单毛或叉状硬毛；茎直立或近直立，多分枝，有棱角；叶长圆形、倒披针形或近椭圆形[1][4]，边缘有波状齿或全缘；总状花序疏松排列[1][3]；萼片长圆形；十字形花冠，花瓣紫色或粉红色[1][2]；雄蕊6；柱头圆锥状；长角果圆柱形[3][4]，近4棱，密生短或长分叉毛；种子长圆形，浅棕色。

名称溯源： 涩荠的属名 *Malcolmia* 来源于人名 William Malcolm（1745 — 1791），其为美国独立革命时期的纽约商人和军官。

物种档案： 涩荠幼叶食用。涩荠属约30种，我国有4种1变种。

校园分布： 榆中校区南区种质资源库有分布。

芸苔 油菜

Brassica rapa var. *oleifera* | Bird Rape

◎ 十字花科 芸苔属

形态特征： 二年生草本[1]；基生叶大头羽裂；下部茎生叶羽状半裂，基部扩展且抱茎；上部茎生叶长圆状倒卵形[1]，基部心形，抱茎，两侧有垂耳；总状花序在花期呈伞房状[3]，以后伸长[1][2]；花鲜黄色[1][2][3]；花瓣倒卵形，基部有爪；长角果线形，种子球形，紫褐色。

名称溯源： 芸苔的属名 *Brassica* 是拉丁语植物原名。

物种档案： 芸苔是主要油料植物之一，种子含油量为40%左右。芸苔属的植物是日常的主要蔬菜，如甘蓝（卷心菜）、花椰菜、大白菜、青菜、球茎甘蓝、榨菜等。芸苔在《中国植物志》中的学名为 *Brassica campestris*。芸苔属约40种，我国有14栽培种11变种1变型。

校园分布： 榆中校区零星分布。

芝麻菜

Eruca vesicaria subsp. *sativa* | Rocketsalad

◎ 十字花科　芝麻菜属

形态特征： 一年生草本[1]，高 20~90 cm；茎直立[1]；基生叶及下部叶大头羽状分裂或不裂；上部叶无柄，具 1~3 对裂片[4]；总状花序[1]；萼片带棕紫色[1][2]；花瓣黄色[1][2]，后变白色，有紫纹；雄蕊 6；长角果，圆柱形[3]，无毛或有反曲的硬毛或粗毛，喙剑形，扁平，角果顶端尖，有 5 纵脉。

名称溯源： 芝麻菜具有很浓的芝麻香味，故此命名。芝麻菜的属名 *Eruca* 是拉丁语植物原名。

物种档案： 芝麻菜茎叶可作蔬菜食用；亦可作饲料；种子可榨油、食用及药用。芝麻菜在《中国植物志》中的学名为 *Eruca sativa*。芝麻菜属 5 种，我国有 1 种 1 变种。

校园分布： 榆中校区南区种质资源库有分布。

诸葛菜　二月兰

Orychophragmus violaceus | Violet Orychopragmus

◎ 十字花科　诸葛菜属

形态特征： 一年生或二年生草本[1]；基生叶和下部叶具叶柄，大头羽状分裂，侧生裂片 2~6 对，歪卵形；中部叶具卵形顶生裂片，抱茎；上部叶矩圆形，不裂，基部两侧耳状，抱茎；总状花序顶生[1]；花紫色至白色[1][2][3]；雄蕊 6，4 强[3][4]；长角果条形；种子 1 行，黑褐色。

名称溯源： 诸葛菜的属名 *Orychophragmus* 来源于希腊语，意为在篱笆旁挖的野菜；种加词 *violaceus* 意为紫色的花。

人文掌故： 相传三国时代蜀汉丞相诸葛亮担任军事中郎将时，为解决粮食问题，向百姓询问了当时一种名为"蔓菁"的植物的种法，下令士兵开始种"蔓菁"，后人便把这种菜称为"诸葛菜"。季羡林所作散文《二月兰》描述的也是这种植物。

物种档案： 诸葛菜是中国北方早春季节最常见的野花之一。诸葛菜属 2 种，我国有 1 种 3 变种。

校园分布： 盘旋路校区、医学校区、榆中校区零星分布。

荠 荠菜

Capsella bursa-pastoris | Shepherd's Purse

◎ 十字花科　荠属

形态特征： 一年生或二年生草本；茎直立[1]；基生叶丛生呈莲座状，大头羽状分裂[4]；茎生叶窄披针形或披针形，边缘有缺刻或锯齿；总状花序，在果期伸长[1]；花瓣 4，白色[1]；短角果倒三角形或倒心状三角形[2][3]，扁平，顶端微凹。

名称溯源： 荠的属名 *Capsella* 意为小盒子。其英文名 shepherd's purse 意为牧人的钱包，指三角形的角果。

人文掌故： 荠菜在古代就是有名的野菜，被誉为"野菜中的珍品"。《诗经·邶风·谷风》有"谁谓荼苦，其甘如荠"，意思是谁说苦苦菜味苦难下咽，我吃起来却像荠菜一样甜香。

物种档案： 荠属约 5 种。

校园分布： 各校区广泛分布。

沼生䔖菜 风花菜

Rorippa palustris | Bog Marshcress

◎ 十字花科　䔖菜属

形态特征： 一年生或二年生草本，高 20~50 cm；光滑无毛或稀有单毛；茎具棱；基生叶多数；叶片羽状深裂或大头羽裂，长圆形至狭长圆形，裂片 3~7 对[3][4]；茎生叶向上渐小，叶片羽状深裂或具齿；总状花序顶生或腋生[1][2]，花黄色或淡黄色[1][3]；雄蕊 6；短角果椭圆形或近圆柱形[2]；种子每室 2 行，多数，褐色。

名称溯源： 沼生䔖菜的属名 *Rorippa* 是撒克逊语的植物原名。

物种档案： 沼生䔖菜是广布种，随环境和地区不同，在叶形和果实大小上变化幅度较大。沼生䔖菜在《中国植物志》中的学名为 *Rorippa islandica*。䔖菜属约 90 余种，我国有 9 种。

校园分布： 盘旋路校区正门附近有分布。

播娘蒿

Descurainia sophia | Herb Sophia

◎ 十字花科　播娘蒿属

形态特征： 一年生草本[1]；茎直立，分枝多，常于下部成淡紫色；叶为三回羽状深裂，末端裂片条形或长圆形[2]，下部叶具柄，上部叶无柄；总状花序伞房状[3]，在果期伸长，花小而多；萼片直立，早落；花瓣 4，黄色[1][3]；雄蕊 6 枚；雌蕊圆柱形；长角果长圆筒状[3]；种子每室 1 行，淡红褐色。

人文掌故： 播娘蒿古代称为"䒷"，又称为"䒷蒿"或"布娘蒿"，嫩叶可食。《诗经·小雅·菁菁者莪》用生长旺盛的播娘蒿来比喻人才辈出。

物种档案： 播娘蒿的种子含油量为 40%，油可工业用，也可食用。播娘蒿属 40 多种，我国仅播娘蒿 1 种。

校园分布： 榆中校区零星分布。

小花糖芥　桂竹糖芥

Erysimum cheiranthoides | Wormseed Mustard

◎ 十字花科　糖芥属

形态特征： 一年生草本[1]；茎直立；基生叶莲座状，无柄，平铺地面；茎生叶披针形或线形[1][3]，边缘具深波状疏齿或近全缘；总状花序顶生[1][2][3]；花瓣 4，浅黄色[1][2][3]，长圆形；长角果圆柱形[1][3]，稍有棱。

名称溯源： 小花糖芥的属名 *Erysimum* 是希腊语芥菜的意思；种加词 *cheiranthoides* 意为像桂竹香（十字花科另外一属植物）似的。

物种档案： 小花糖芥的种子可充当葶苈子作药用。糖芥属约 100 种，我国有 17 种。

校园分布： 榆中校区院士林有分布。

✳ **识别要点：** 播娘蒿叶为三回羽状深裂；小花糖芥茎生叶披针形或线形，近全缘。

蚓果芥 念珠芥

Neotorularia humilis | Low Northern-rockcress

◎ 十字花科 念珠芥属

形态特征： 多年生草本[2][3]，高 5~30 cm；茎自基部分枝；基生叶窄卵形，早枯；下部茎生叶宽匙形至窄长卵形，全缘或具 2~3 对钝齿；中上部叶条形；花序呈紧密伞房状，果期伸长[1]；花瓣白色[1][2][3]，顶端近截形或微缺；长角果筒状，略呈念珠状[1]，或作"之"字形弯曲；花柱短，柱头 2 浅裂；果瓣被 2 叉毛。

名称溯源： 蚓果芥的种加词 *humilis* 是小的意思。

物种档案： 模式标本采自西藏。蚓果芥分布广泛，形态变异大。念珠芥属 13 种，我国有 9 种 1 变种 4 变型。念珠芥属在《中国植物志》中为 *Torularia*，在 *Flora of China* 中为 *Neotorularia*。

校园分布： 榆中校区萃英山广泛分布。

独行菜 辣辣根

Lepidium apetalum | Pepperweed

◎ 十字花科 独行菜属

形态特征： 一年生或二年生草本[2]；茎直立；基生叶狭匙形，一回羽状浅裂或深裂；上部叶条形，有疏齿或全缘；总状花序[1][3]；萼片早落，卵形；花瓣不存在或退化成丝状，比萼片短；雄蕊 2 或 4；短角果近圆形或宽椭圆形[1][3]，扁平，顶端微缺，上部有短翅；果梗弧形；种子椭圆形，平滑，棕红色。

名称溯源： 独行菜的属名 *Lepidium* 是希腊语小鳞片的意思，在此可能与果实成熟时有透明隔膜有关；种加词 *apetalum* 是无花瓣的意思。

物种档案： 独行菜的嫩叶可作野菜食用。独行菜属约 150 种，我国约有 15 种 1 变种。

校园分布： 各校区广泛分布。

球果群心菜

Cardaria draba subsp. *chalepensis* | Spheroidalfruit Cardaria

◎ 十字花科　群心菜属

形态特征： 多年生草本[1]；基生叶有柄，倒卵状匙形，边缘有波状齿，开花时枯萎；茎生叶倒卵形[4]，基部抱茎，边缘疏生尖锐波状齿或近全缘；总状花序伞房状，呈圆锥花序[1][2][3]，在果期不伸长；花瓣白色[1][2][3]，顶端微缺，有爪；短角果卵形或近球形；种子1个。

系统变化： 球果群心菜在《中国植物志》和 Flora of China 中属于群心菜属（*Cardaria*），其中在《中国植物志》中为 *Cardaria chalepensis*，在 Flora of China 中为群心菜（*Cardaria draba*）的亚种。在最新研究中群心菜属并入独行菜属（*Lepidium*）。

名称溯源： 球果群心菜的种加词 *draba* 是十字花科另外一属的植物葶苈属，原意为希腊语辛辣的，亚种加词 *chalepensis* 是叙利亚的一个地名。

校园分布： 榆中校区学生公寓27号楼附近零星分布。

柽柳

Tamarix chinensis | Chinese Tamarisk

◎ 柽柳科　柽柳属

形态特征： 灌木，幼枝常开展而下垂[1]；每年开花2~3次；春季花序侧生在去年生小枝上[1]；花瓣5，粉红色[1][2]，花瓣几直伸或略开展[2]；夏、秋季花序生于当年生幼枝顶端。

名称溯源： 柽柳的属名 *Tamarix* 来源于地名 *Tamais* 河，位于比利牛斯山，为法国与西班牙的天然国界。

物种档案： 兰州大学已故的张鹏云先生（1921—1994）和张耀甲教授、校友刘铭庭研究员是柽柳科研究的权威，发表了多个该科新种，如金塔柽柳（*Tamarix jintaensis*）、莎车柽柳（*Tamarix sachensis*）、塔里木柽柳（*Tamarix tarimensis*）、沙生柽柳（*Tamarix taklamakanensis*）等。

校园分布： 榆中校区南区有分布。

相似种 1： 密花柽柳（*Tamarix arceuthoides*）春季花序侧生于去年老枝[3]；夏秋季花序生于当年生枝顶；花5数；花瓣开展[4]，粉红或粉白[3][4]。榆中校区中子楼门口北侧有分布。

相似种 2： 短穗柽柳（*Tamarix laxa*）总状花序短而粗[5][6]；花二型：春季花4数[6]，生去年枝上，秋季花5数，生当年枝上；花瓣张开[6]，粉红。榆中校区西区教学楼附近、萃英山有分布。

✱ **识别要点：** 柽柳春季花为5数，花瓣直立；密花柽柳春季花为5数，花瓣充分开展；短穗柽柳春季花为4数。

黄花补血草　金色补血草

Limonium aureum | Golden Sealavender

◎ 白花丹科　补血草属

形态特征：多年生草本[1]；叶基生；花序圆锥状，花序轴2至多数，由下部作数回叉状分枝[2]；穗状花序位于上部分枝顶端，由3~5（7）个小穗组成，小穗含花2~3[2]；外苞宽卵形；花萼黄色，花冠黄色[2]。

名称溯源：黄花补血草的属名 *Limonium* 是希腊语补血草的原名。

物种档案：黄花补血草是干花、贴花和配花的良好资源。补血草属约有300种，我国约有 22 种。

校园分布：榆中校区萃英山广泛分布。

相似种：二色补血草（*Limonium bicolor*）多年生草本；叶基生；花序圆锥状[3][4]；穗状花序有柄至无柄，排列在花序分枝的上部至顶端，由3~5个小穗组成[4]；萼檐初时淡紫红或粉红色，后来变白[3][4]；花冠黄色[4]。榆中校区零星分布。

✳ 识别要点：黄花补血草花萼及花冠黄色；二色补血草花萼后期萼檐变白色，花冠黄色。

荞麦

Fagopyrum esculentum | Buckwheat

◎ 蓼科　荞麦属

形态特征：一年生草本[1]；茎直立，具纵棱；叶三角形或卵状三角形[1][2][3]；托叶鞘膜质；花序总状或伞房状[1][2][3]；每苞内具 3~5 花；花被 5 深裂[1][2][3]；雄蕊 8，花药淡红色；花柱 3，柱头头状；瘦果卵形，具 3 锐棱。

名称溯源：荞麦的属名 *Fagopyrum* 由山毛榉 Fagus（一类似毛栗子的植物）和希腊词小麦 pyros 组合而成，意为似小麦的坚果；种加词 *esculentum* 意为可食的。

物种档案：荞麦最早驯化于中国云南与西藏交界处。荞麦种子含有的肌醇可治疗 II 型糖尿病，含有的糖苷是治疗下肢静脉功能障碍的有效成分，所含的蛋白质丰富利于减缓高胆固醇和肥胖症；叶片可做茶叶。荞麦属约有 15 种，我国有 10 种 1 变种，有 2 种为栽培种。

校园分布：榆中校区零星分布。

巴天酸模

Rumex patientia | Patience Dock

◎ 蓼科　酸模属

形态特征： 多年生草本[1]；茎直立，粗壮，上部分枝，基生叶长圆形或长圆状披针形，边缘波状[1]；茎上部叶披针形，较小；托叶鞘筒状，膜质[4]，易破裂；花序圆锥状[2]，大型；花两性；外花被片长圆形，内花被片果期增大[3]，瘦果卵形[3]，具 3 锐棱，褐色，有光泽。

名称溯源： 巴天酸模的属名 *Rumex* 是拉丁语植物原名。

物种档案： 酸模属约 150 种，我国有 26 种 2 变种。

校园分布： 榆中校区广泛分布。

相　似　种： 齿果酸模（*Rumex dentatus*）一年生草本；茎下部叶长圆形或长椭圆形，边缘浅波状；花两性，黄绿色[5]；花簇轮生，花序总状，顶生及腋生，数个组成圆锥状[5]；花梗中下部具关节；外花被片椭圆形，内花被片果期增大[6]，呈三角状卵形，具小瘤，每侧具 2～4 刺状齿[6]；瘦果卵形[6]，具 3 锐棱。齿果酸模的种加词 *dentatus* 意为具牙齿的。盘旋路校区钟灵园有分布。

❋ **识别要点：** 巴天酸模内轮花被片边缘全缘，齿果酸模内轮花被片边缘具刺状齿。

鸡爪大黄　唐古特大黄

Rheum tanguticum | Claw Rhubarb

◎ 蓼科　大黄属

形态特征： 高大草本，高 1.5～2 m[1]；茎粗，中空；基生叶大型，叶片近圆形或宽卵形，通常掌状 5 深裂[5]；茎生叶较小；大型圆锥花序[1][2]；花小，黄绿色[1][2][3]，有时紫红色；花被片 6，内轮较大[3]；雄蕊多为 9；果实矩圆状卵形至矩圆形，具翅[4]；种子卵形，黑褐色。

名称溯源： 鸡爪大黄的属名 *Rheum* 是古希腊语植物原名。

物种档案： 大黄为掌叶大黄（*Rheum palmatum*）、鸡爪大黄（*Rheum tanguticum*）或药用大黄（*Rheum officinale*）的干燥根和根茎，主要产于甘肃、青海和四川等地。甘肃省陇南市礼县、文县、宕昌县和定西市陇西县等地为大黄的主要种植地。甘肃的大黄产量约占全国总产量的 60% 左右。大黄具有清热泻火、解毒的功效。

校园分布： 榆中校区南区种质资源库有栽培。

沙木蓼

Atraphaxis bracteata | Sandy Goatwheat

◎ 蓼科　木蓼属

形态特征： 直立灌木[1]；主干粗壮，具肋棱，多分枝[1][2]；枝顶端具叶或花[1][2][3]；托叶鞘圆筒状，膜质；叶革质，长圆形或椭圆形[4]，当年生枝上者披针形；叶基部圆形或宽楔形，边缘微波状[4]，下卷，两面均无毛，侧脉明显；总状花序，顶生[1][2][3]；苞片膜质，每苞内具2～3花；花被片5，绿白色或粉红色[3]；内轮花被片卵圆形，不等大，网脉明显，边缘波状，外轮花被片肾状圆形，果期平展，不反折，具明显的网脉；瘦果卵形，具三棱形。

物种档案： 木蓼属植物共25种，中国产12种，生于西部流动沙丘低地及半固定沙丘。

校园分布： 榆中校区南区种质资源库有栽培。

木藤蓼　木藤首乌

Fallopia aubertii | Bukhara Fleeceflower

◎ 蓼科　何首乌属

形态特征： 半灌木[1]；茎缠绕[1]；叶簇生，叶片长卵形[4]，近革质；托叶鞘膜质；花序圆锥状[1][2][3]；苞片膜质；花被5深裂，白色[1][2][3]，外面3片较大，背部具翅，果期增大呈倒卵形，基部下延；雄蕊8；花柱3；瘦果卵形，具三棱，黑褐色，包于宿存花被内。

名称溯源： 木藤蓼的属名 *Fallopia* 取自意大利的解剖学家和内科医生 Gabriele Falloppio（1523－1562）之姓。

物种档案： 模式标本采自四川康定。与木藤蓼同属的何首乌（*Fallopia multiflora*）块根入药，具有安神、养血、活络的功效。何首乌属约15种，我国有8种。

校园分布： 盘旋路校区、兰州大学一分部有分布，榆中校区萃英山分布较多。

西伯利亚蓼

Polygonum sibiricum | Siberian Knotweed

◎ 蓼科　蓼属

形态特征： 多年生草本[3]，高 10~25 cm；茎外倾或近直立[1][2][3]，自基部分枝；叶片长椭圆形或披针形[1][2][3]，顶端急尖或钝，基部戟形或楔形，全缘；托叶鞘筒状，膜质，上部偏斜，开裂，无毛，易破裂；花序圆锥状[1][2][3]，顶生；苞片漏斗状，通常每 1 苞片内具 4~6 朵花；花被 5 深裂，黄绿色[1][2][3]；雄蕊 7~8，花丝基部较宽；花柱 3，柱头头状；瘦果卵形，具 3 棱，包于宿存的花被内或凸出。

系统变化： 西伯利亚蓼在《中国植物志》和 *Flora of China* 中属于蓼属（*Polygonum*），在最新的研究中独立为西伯利亚蓼属（*Knorringia*）。

校园分布： 榆中校区零星分布。

萹蓄

Polygonum aviculare | Prostrate Knotweed

◎ 蓼科　蓼属

形态特征： 一年生草本[2]；茎平卧或上升，自基部分枝；叶有极短柄或近无柄，叶狭椭圆形或披针形[1][2][3]；托叶鞘膜质，下部褐色，上部白色透明；花 1~5 朵簇生叶腋[1][3]；花被 5 深裂，绿色，边缘白色或淡红色[1][3]；雄蕊 8；花柱 3；瘦果卵形，有 3 棱。

系统变化： 萹蓄在《中国植物志》和 *Flora of China* 中属于蓼属（*Polygonum*），在最新研究中独立为萹蓄属（*Polygonum*），新的蓼属属名为 *Persicaria*。

名称溯源： 萹蓄的属名来自希腊词 "poly" 和 "gonum"，分别指的是"多"和"膝盖"，指该植物茎节部膨大。事实上叶互生，节膨大，具托叶鞘也是蓼科植物的野外识别特征。

人文掌故： 萹蓄在《尔雅》中被称为"竹"。

校园分布： 盘旋路校区、榆中校区零星分布。

酸模叶蓼 大马蓼

Polygonum lapathifolium | Curlytop Knotweed

◎ 蓼科　蓼属

形态特征： 一年生草本①②③；茎直立，节部膨大；叶披针形或宽披针形①②③，上面绿色，常有黑褐色新月形斑点③；托叶鞘筒状，膜质，淡褐色；总状花序呈穗状，通常由数个花穗再组成圆锥状①②；花淡红色或白色①②，花被通常4深裂；雄蕊6；花柱2；瘦果卵形。

系统变化： 酸模叶蓼在《中国植物志》和 Flora of China 中属于蓼属（Polygonum），原蓼属（Polygonum）在最新的研究中分为蓼属（Persicaria）、拳参属（Bistorta）、多穗蓼属（Rubrivena）、神血宁属（Aconogonon）、西伯利亚蓼属（Knorringia）和萹蓄属（Polygonum），新的蓼属（Persicaria）合并了金线草属（Antenoron）。酸模叶蓼属于新的蓼属（Persicaria）。

物种档案： 酸模叶蓼生于田边、路旁、水边、荒地或沟边湿地。

校园分布： 榆中校区零星分布。

红蓼

Polygonum orientale | Red Knotweed

◎ 蓼科　蓼属

形态特征： 一年生草本①；茎直立，多分枝，密生长毛；叶片卵形或宽卵形①②④，全缘，两面疏生长毛；托叶鞘筒状，下部膜质，褐色，上部草质，绿色；花序圆锥状①②③；苞片宽卵形；花淡红色①②③；花被5深裂；雄蕊7，长于花被；花柱2；瘦果黑色，有光泽。

人文掌故： 红蓼古称"游龙"，因为它"枝叶之放纵"，《诗经·郑风·山有扶苏》有云："山有桥松，隰有游龙，"说的就是水边湿地有红蓼。陆游在《蓼花》中写道："老作渔翁犹喜事，数枝红蓼醉清秋。"

物种档案： 红蓼生沟边湿地、村边路旁，果实可入药，叶可提取蓝色染料。

校园分布： 榆中校区附近果园有栽培。

白玉草　广布蝇子草

Silene vulgaris | Maidenstears

◎ 石竹科　蝇子草属

形态特征： 多年生草本，高 40~100 cm；全株无毛，呈灰绿色[3]；叶对生，卵状披针形[3]；二歧聚伞花序[1]；花微俯垂[2]；花梗比花萼短或近等长[1][2]；苞片卵状披针形，草质；花萼宽卵形，呈囊状，近膜质，常显紫堇色[1][2][4]；花瓣白色[2]，爪楔状倒披针形，瓣片露出花萼[2]，深 2 裂几达瓣片基部；副花冠缺；雄蕊明显外露[2]，花丝无毛，花药蓝紫色；子房卵形，花柱 3，花柱明显外露[4]；蒴果近圆球形，比宿存萼短。

物种档案： 白玉草在《中国植物志》中的学名为 _Silene venosa_。蝇子草属植物具有良好的吸附重金属的能力。该属约 400 种，我国有 112 种。

校园分布： 榆中校区视野广场附近有分布。

女娄菜

Silene aprica | Sunny Melandrium

◎ 石竹科　蝇子草属

形态特征： 一年生至二年生草本；全株密被灰色柔毛；基生叶倒披针形或窄匙形，基部渐窄成柄状；茎生叶倒披针形[6]；圆锥花序较大型[4]；花萼卵状钟形，近草质，密被短柔毛，纵脉绿色[1][3][5]；萼齿三角状披针形[3][5]；花瓣白或淡红色[1][2][3]，微露出花萼或与花萼近等长；爪倒披针形，具缘毛，瓣片 2 裂[2]；副花冠舌状[2]；花丝基部具缘毛，雄蕊及花柱内藏；蒴果卵圆形[5]，与宿萼近等长。

物种档案： 在部分地方植物志中，如《甘肃植物志》和《西藏植物志》，女娄菜被划为女娄菜属（_Melandrium_）。

校园分布： 榆中校区昆仑堂北侧有分布。

内蒙古女娄菜

Silene orientalimongolica | Inner Mongol Catchfly

◎ 石竹科　蝇子草属

形态特征： 一年生或二年生草本[1]，高 10~40 cm，全株密被短柔毛；叶对生，茎生叶长圆状披针形[1][6]；基生叶具柄，茎上部叶无柄[1][6]，叶片两面均密被短柔毛；聚伞状圆锥花序顶生[1]；花萼椭圆形或卵状钟形，被腺毛[5]，具 10 条纵脉[4]，纵脉绿色[3][4]，脉端多少连结；萼齿三角状披针形[4]，边缘膜质，具缘毛；花瓣白色或淡红色[2]，瓣片顶端浅 2 裂[2][3]，爪狭楔形；副花冠片舌状[2]；雄蕊不外露[2]，花丝基部被毛；花柱 3；蒴果卵形，比宿存萼短。

校园分布： 榆中校区教工公寓 30 号楼附近有分布。

麦瓶草　米瓦罐

Silene conoidea | Cone-like Silene

◎ 石竹科　蝇子草属

形态特征： 一年生草本[1][2]，高 25~60 cm，全株被短腺毛；基生叶匙形，茎生叶长圆形或披针形[1]；二歧聚伞花序具数花[1]；花萼圆锥形[1][2]，绿色，果期膨大，下部宽卵状，纵脉 30 条[2]；花萼沿脉被短腺毛，萼齿狭披针形，长为花萼 1/3 或更长；花瓣 5，淡红色[1][2]，爪不露出花萼，狭披针形；副花冠片狭披针形，白色，顶端具数浅齿；雄蕊微外露或不外露，花丝具稀疏短毛；花柱微外露；蒴果梨状。

名称溯源： 麦瓶草的属名 *Silene* 是希腊神话中的森林之神的意思；种加词 *conoidea* 指瓶状的果实。

校园分布： 榆中校区零星分布。

细叶石头花

Gypsophila licentiana | Smallleaf Baby's breath

◎ 石竹科　石头花属

形态特征： 多年生草本[1]；茎细，上部分枝[1]；叶片线形[3]，基部连合成短鞘；聚伞花序顶生[1][2]；苞片三角形，膜质；花萼狭钟形，具5脉；花瓣白色[1][2]，三角状楔形；花丝线形，花药小，球形；子房卵球形，花柱与花瓣等长；蒴果。

名称溯源： 细叶石头花的属名 *Gypsophila* 来源于希腊语 gypsos（石膏）和 philios（爱），意为喜欢生长在岩石上。

物种档案： 模式标本采自山西大同。该属的另外一种植物圆锥石头花（*Gypsophila paniculata*），又称为满天星，可栽培供观赏。石头花属约150种，我国有18种1变种，其中栽培1种。

校园分布： 榆中校区萃英山有零星分布。

石竹

Dianthus chinensis | Chinese Pink

◎ 石竹科　石竹属

形态特征： 多年生草本[1]；茎簇生，叶条形或宽披针形[1]，花顶生于分叉的枝端[1]，单生或对生，有时成圆锥状聚伞花序；花下有4~6枚苞片；萼筒圆筒形，萼齿5；花瓣5，鲜红色、白色或粉红色[1][2][3][4]，瓣片基部具爪；雄蕊10；花柱2，丝形；蒴果矩圆形。

名称溯源： 石竹的茎有节，节膨大，叶对生，线状披针形，叶脉平行，似竹子，因此称为"石竹"。石竹的属名 *Dianthus* 来源于希腊语，意为女神之花。

人文掌故： 宋代王安石有诗云："春归幽谷始成丛，地面芬敷浅浅红。车马不临谁见赏，可怜亦解度春风。"

物种档案： 石竹花的结构适应长吻昆虫的采蜜和传份，平展的花瓣供昆虫降落，两花瓣交界的地方有须毛，可阻止其他昆虫的进入。石竹的栽培品种有100多种。石竹属约600种，我国有16种。

校园分布： 各校区广泛种植。

鹅肠菜

Myosoton aquaticum | Giant Chickweed

◎ 石竹科　鹅肠菜属

形态特征： 二年生或多年生草本[1]；茎上部被腺毛[2]；叶卵形或宽卵形[1]；顶生二歧聚伞花序[1]；苞片叶状，边缘具腺毛；萼片卵状披针形或长卵形，被腺毛[3]；花瓣白色，2深裂至基部[2][4]；雄蕊10，稍短于花瓣；子房长圆形，花柱5[4]，线形；蒴果卵圆形，较宿存花萼稍长，5瓣裂至中部，裂瓣2齿裂；种子扁肾圆形。

物种档案： 鹅肠菜种子、茎和叶有毒，全草供药用，驱风解毒。牛、羊等家畜多量采食后，植物在肠胃道内易发酵而结成团块，因此会出现如腹胀和腹痛等一系列相应症状。鹅肠菜属仅鹅肠菜1种，与繁缕属形态接近，主要区别在于鹅肠菜属花柱5，繁缕属花柱3或2。

校园分布： 榆中校区昆仑堂东侧和贺兰堂北侧有分布。

菊叶香藜　菊叶刺藜

Dysphania schraderiana | Foetid Goosefoot

◎ 苋科　刺藜属

形态特征： 一年生草本[1]；疏生腺毛，全株有强烈气味；叶片矩圆形，羽状浅裂至深裂[1][2][4]，上面几无毛，下面生有节的短柔毛和棕黄色的腺点；花两性，单生于分枝处和枝端，形成二歧聚伞花序，再集成塔形圆锥状花序[1][3]；花被片5，果后花被开展；雄蕊5；胞果。

系统变化： 菊叶香藜在《中国植物志》中属于藜科藜属（*Chenopodium*），在 *Flora of China* 中属于藜科刺藜属（*Dysphania*），在 APG III 系统中藜科并入苋科。

名称溯源： 菊叶香藜的属名 *Dysphania* 在希腊语的意思是模糊不清，这里可能指不起眼的花。

物种档案： 菊叶香藜具有浓烈的芳香味。

校园分布： 榆中校区南区广泛分布。

藜

Chenopodium album | Lambsquarters

◎ 苋科　藜属

形态特征： 一年生草本[1][3]；茎有棱，具绿色或紫红色的条纹，多分枝[3]；叶片菱状卵形至披针形[1][3]，边缘常有不整齐的锯齿，下面生粉粒，灰绿色[1][3]；花两性，数个集成团伞花簇，多数花簇排成腋生或顶生的圆锥状花序[2][3]；花被片 5；雄蕊 5；柱头 2。

物种档案： 藜的幼苗可作蔬菜食用，茎叶可喂家畜。同属藜麦（*Chenopodium quinoa*）是公元前 4 000 年驯化于安第斯山脉的一种作物和宗教植物，在西班牙殖民时期曾经禁止种植，现今是非常流行的保健食品。联合国大会确定 2013 年为"国际藜麦年"。

校园分布： 各校区广泛分布。

灰绿藜

Chenopodium glaucum | Oakleaf Goosefoot

◎ 苋科　藜属

形态特征： 一年生草本[1][2][3]，高 20～40 cm；茎平卧或外倾，有绿色或紫红色条纹[1][2][3]；叶矩圆状卵形至披针形[1][2][3]，边缘有波状牙齿，上面深绿色，下面灰白色或淡紫色，密生粉粒；花序穗状或复穗状[3]；花有两性花和雌性花；花被片 3 或 4；雄蕊 1～2，花丝不伸出花被；柱头 2，极短；胞果顶端露出于花被外，果皮膜质，黄白色；种子扁球形，暗褐色或红褐色。

系统变化： 藜属在《中国植物志》和 *Flora of China* 中属于藜科，在 APG Ⅲ 系统中藜科合并到苋科。

名称溯源： 藜属 *Chenopodium* 来源于希腊语，chen 意为鹅，pous 意为足，指叶形似鹅爪。

校园分布： 各校区广泛分布。

杂配藜　大叶藜

Chenopodium hybridum ｜ Mapleleaf Goosefoot

◎ 苋科　藜属

形态特征： 一年生草本[3]；茎具淡黄色或紫色条棱，上部有疏分枝；叶宽卵形或卵状三角形[1][3]，边缘有不整齐的裂片，裂片 2~3 对[1][3]；花两性兼有雌性，通常数个团集，在分枝上排列成开散的圆锥状花序[2]；花被裂片 5；雄蕊 5；胞果；种子黑色；胚环形。

物种档案： 杂配藜全草可入药，能调经止血。

校园分布： 盘旋路校区、榆中校区广泛分布。

❋ **识别要点：** 藜叶菱状卵形至披针形，边缘有不整齐锯齿；灰绿藜叶矩圆状卵形至披针形，边缘有波状牙齿；杂配藜叶三角形宽卵形，边缘有不整齐的裂片。

地肤

Kochia scoparia ｜ Broom Cypress

◎ 苋科　地肤属

形态特征： 一年生草本[1]；茎直立，有多数条棱；叶为平面叶，披针形或条状披针形[1]，边缘有疏生的锈色绢状缘毛；花两性或雌性，疏穗状圆锥状花序[1][2][3]；花被淡绿色[3]；花药淡黄色；柱头 2，极短；胞果，果皮与种子离生。

系统变化： 地肤在《中国植物志》和 *Flora of China* 中属于藜科地肤属（*Kochia*），在最新的研究中地肤属并入苋科沙冰藜属（*Bassia*）。

名称溯源： 地肤的种加词 *scoparia* 意为帚状的。

物种档案： 地肤幼苗可作蔬菜，果实称"地肤子"，为常用中药，能清湿热、利尿，治尿痛、尿急、小便不利。

校园分布： 榆中校区有零星分布。

栽培变型： 扫帚菜（*Kochia scoparia* f. *trichophylla*）扫帚菜分枝繁多；植株呈卵形或倒卵形[4]；叶较狭；栽培作扫帚用；晚秋枝叶变红，可供观赏。榆中校区有栽培。

猪毛菜

Salsola collina | Common Russian Thistle

◎ 苋科　猪毛菜属

形态特征： 一年生草本[1][2][3]；茎自基部分枝，枝互生；叶片丝状圆柱形[1][2][3]，生短硬毛，顶端有刺状尖，基部边缘膜质，稍扩展而下延；花序穗状[1][2]，生于枝条上部；苞片卵形，有刺状尖，边缘膜质；小苞片狭披针形，顶端有刺状尖；花被片卵状披针形，膜质，果期自背面中上部生鸡冠状突起；柱头丝状；种子横生或斜生。

系统变化： 猪毛菜在《中国植物志》和 *Flora of China* 中属于猪毛菜属（*Salsola*），原猪毛菜属在新的研究中分为猪毛菜属（*Kali*）、水猪毛菜属（*Xylosalsola*）、碱猪毛菜属（*Salsola*）等7属。猪毛菜属于新的猪毛菜属（*Kali*）。

名称溯源： 猪毛菜的属名 *Salsola* 来源于拉丁文 salosus，意为盐的，指其生于盐渍地。

物种档案： 猪毛菜全草入药，有降低血压的作用；嫩茎、叶可供食用。猪毛菜属约有130种，我国有36种，

校园分布： 榆中校区南区和西区广泛分布。

刺沙蓬

Salsola tragus | Russian Thistle

◎ 苋科　猪毛菜属

形态特征： 一年生草本；茎直立，自基部分枝，茎、枝生短硬毛或近于无毛，有白色或紫红色条纹；叶半圆柱形或圆柱形[1][2][3]，顶端有刺状尖[1][2][3]，基部扩展，扩展处的边缘为膜质；花序穗状[1][2][3]，生于枝条的上部；苞片长卵形，小苞片卵形；花被片长卵形，膜质，果期自背面中部生翅[1][2][3]；翅3个较大，膜质，无色或淡紫红色[1][2][3]，2个较狭窄；果期花被在翅以上部分近革质，顶端为薄膜质，向中央聚集，包覆果实；柱头丝状，长为花柱的3~4倍。

物种档案： 刺沙蓬是一种常见的风滚草，可随风滚动传播种子。刺沙蓬在《中国植物志》中的学名为 *Salsola ruthenica*。

校园分布： 榆中校区零星分布。

盐生草

Halogeton glomeratus | Halogeton

◎ 苋科　盐生草属

形态特征： 一年生草本[②③]；茎直立，多分枝；叶互生，圆柱形[②]；花腋生，通常 4~6 朵聚集成团伞花序[①]，遍布于植株；花被片披针形，膜质，果期自背面近顶部生翅[①]；翅半圆形，膜质[①]，大小近相等；雄蕊通常为 2；种子直立，圆形。

名称溯源： 盐生草的属名 *Halogeton* 来源于希腊语，halos 意为海，geiton 意为邻人。

物种档案： 兰州蓬灰牛肉面的"蓬灰"就是用该植物及猪毛菜、白茎盐生草等烧制而成。盐生草产自甘肃西部、青海、新疆及西藏。盐生草属有 3 种，我国有 2 种 1 变种。

校园分布： 榆中校区南区广泛分布。

鸡冠花

Celosia cristata | Common Cockscomb

◎ 苋科　青葙属

形态特征： 一年生草本；叶卵形或卵状披针形；花序顶生，扁平鸡冠状[①②③]，中部以下多花；苞片、小苞片和花被片紫色、黄色或淡红色[①②③]，膜质，宿存；雄蕊花丝下部合生成杯状；胞果卵形，盖裂，包裹在宿存花被内。

名称溯源： 鸡冠花的属名 *Celosia* 来源于希腊语 kelos，意为火焰，指花序红色状如火焰。

物种档案： 鸡冠花有鸡冠状和穗冠状两大品系。全国各地皆有栽培，分布在全世界泛热带地区。花和种子供药用，有止血、凉血、止泻的功效。青葙属约 60 种，我国产 3 种。

校园分布： 榆中校区零星栽培。

反枝苋

Amaranthus retroflexus | Red-root Amaranth

◎ 苋科　苋属

形态特征： 一年生草本①；茎直立，淡绿色，有时具紫色条纹①，稍具钝棱；
叶菱状卵形或椭圆状卵形①②；圆锥花序顶生及腋生①②③，直立，
由多数穗状花序形成①②③；苞片及小苞片钻形，白色，背面有 1
龙骨状突起；花被片 5；柱头 3，有时 2；胞果扁卵形，薄膜质，
淡绿色，包裹在宿存花被片内；种子近球形。

名称溯源： 反枝苋的属名 *Amaranthus* 来源于希腊语 amarantos，指具颜色的
苞片长时不褪色；种加词 *retroflexus* 意为反折的。

物种档案： 反枝苋的嫩茎叶可作野菜食用，也可作家畜饲料。苋属约 40 种，
我国产 13 种。

校园分布： 榆中校区南区广泛分布。

北美苋

Amaranthus blitoides | Mat Amaranth

◎ 苋科　苋属

形态特征： 一年生草本③，高 15～30 cm；茎大部分伏卧③，从基部分枝，绿
白色，具条棱，全体无毛或近无毛；叶片密生，倒卵形至矩圆状
倒披针形①②③，顶端圆钝或急尖，全缘；花少数，成腋生花簇②，
比叶柄短；苞片及小苞片披针形，顶端急尖，具尖芒；花被片 4，
有时 5，绿色，卵状披针形至矩圆状披针形；柱头 3，顶端卷曲；
胞果椭圆形，上面带淡红色，近平滑，比最长花被片短；种子卵形，
黑色，稍有光泽。

物种档案： 北美苋由北美引进，为归化植物。其种子是北美土著人的粮食来源。

校园分布： 榆中校区南区广泛分布。

垂序商陆 美国商陆

Phytolacca americana | American Pokeweed

◎ 商陆科 商陆属

形态特征: 多年生草本[①], 高 1~2 m; 茎有时带紫红色[①③]; 叶椭圆状卵形或卵状披针形[①②③④]; 总状花序顶生或与叶对生[④], 纤细; 花白色, 微带红晕; 花被片 5, 雄蕊、心皮及花柱均为 10, 心皮连合; 果序下垂, 浆果扁球形, 紫黑色[①②④]。

物种档案: 垂序商陆原产于北美洲。全株有毒, 根及果实毒性最强, 是一种入侵植物。根可供药用, 治水肿、白带、风湿, 有催吐作用; 种子利尿; 叶有解热作用; 全草可作农药。商陆属约 35 种, 我国有 4 种。

校园分布: 盘旋路校区天演楼东侧有栽培。

紫茉莉

Mirabilis jalapa | Marvel of Peru

◎ 紫茉莉科 紫茉莉属

形态特征: 一年生草本[①]; 叶纸质, 卵形或卵状三角形[①]; 花单生于枝顶端[①]; 苞片 5, 萼片状; 花被白色、黄色、红色或粉红色[①②③④], 漏斗状, 花被管圆柱形, 上部稍扩大, 顶端 5 裂, 基部膨大成球形包裹子房; 果实卵形, 黑色。

名称溯源: 紫茉莉的属名 *Mirabilis* 意为奇异的。

人文掌故: 紫茉莉在《植物名实图考》称为粉豆花, 花可作胭脂代用品。

物种档案: 紫茉莉原产于美洲热带地区。我国各地常栽培, 为观赏花卉。紫茉莉属约 50 种, 我国栽培 1 种。

校园分布: 盘旋路校区天演楼附近、榆中校区草地农业科技学院西区实验室附近有栽培。

马齿苋

Portulaca oleracea | Common Purslane

◎ 马齿苋科　马齿苋属

形态特征： 一年生草本[3]；通常匍匐，肉质[3]；茎带紫色[1][2][3]；叶楔状矩圆形或倒卵形[1][2][3]；花 3~5 朵生于枝顶端[1]，无梗；苞片 4~5，膜质；萼片 2；花瓣 5，黄色[1]；子房半下位，1 室，柱头 4~6 裂；蒴果圆锥形，盖裂。

名称溯源： 马齿苋的属名 *Portulaca* 意为有汁液的，指植物含有黏稠的汁液。

物种档案： 马齿苋为田间常见杂草，喜肥沃土壤，耐旱耐涝，生命力强。嫩茎叶可作蔬菜，味酸；全草供药用，有清热利湿、解毒消肿、消炎的功效。马齿苋还是一种 CAM 植物（景天酸代谢途径的植物）。马齿苋属约 200 种，我国有 6 种。

校园分布： 榆中校区零星分布。

山茱萸

Cornus officinalis | Medical Dogwood

◎ 山茱萸科　山茱萸属

形态特征： 落叶灌木或乔木[1]；树皮灰褐色，小枝细圆柱形；叶对生，卵形至椭圆形[4]，侧脉 6~8 对；伞形花序先叶开花[1][2]，腋生，下具 4 枚小型的苞片；花黄色[1][2][3]；花萼 4 裂；花瓣 4[3]，卵形；雄蕊 4[3]，与花瓣互生，花丝钻形，花药椭圆形，2 室；花盘环状[3]，肉质；子房下位，花柱圆柱形；核果椭圆形[4]，成熟时红色。

名称溯源： 山茱萸的种加词 *officinalis* 意为药用的，其果实去核即中药"茱萸肉"。

物种档案： 山茱萸的果实含多种矿质元素。

校园分布： 盘旋路校区天演楼前面有栽培，仅见一株。

红瑞木

Cornus alba | Tatarian Dogwood

◎ 山茱萸科　山茱萸属

形态特征： 落叶灌木[1]；树皮紫红色[1]，幼枝有淡白色短柔毛，老枝红白色；叶对生，纸质，卵形至椭圆形[2]，侧脉 5～6 对，在上面微凹，下面凸出，上面暗绿色，下面粉绿色；伞房状聚伞花序顶生[1][2][3]，较密；花小，白色或淡黄白色[1][2][3]；花萼裂片 4，尖三角形，短于花盘；花瓣 4[3]；雄蕊 4[3]，花丝线形，微扁，无毛，花药淡黄色，"丁"字形着生；花盘垫状；花柱圆柱形；子房下位；花梗纤细，被淡白色短柔毛，与子房交接处有关节；核果长圆形[4]，花柱宿存，成熟时白色或稍带蓝紫色[4]。

系统变化： 红瑞木在《中国植物志》中属于梾木属（*Swida*），在 *Flora of China* 中梾木属并入山茱萸属（*Cornus*）。

物种档案： 常见庭院观赏植物。

校园分布： 榆中校区常见栽培。

凤仙花

Impatiens balsamina | Garden Balsam

◎ 凤仙花科　凤仙花属

形态特征： 一年生草本[1]；叶互生，披针形[1]，边缘有锐锯齿；花大，通常粉红色或杂色[1][2][3]，单瓣或重瓣；萼片 2；旗瓣圆，先端凹[1][2][3]；翼瓣二裂；唇瓣舟形，基部延长成细而内弯的距；蒴果纺锤形，密生茸毛；种子多数，球形，黑色。

名称溯源： 凤仙花的属名 *Impatiens* 在拉丁语中意为不耐烦的、着急的；种加词 *balsamina* 是香膏的意思。

人文掌故： 《广群芳谱》中有记载："桠间开花，头翅尾足俱翘然如凤状，故又有金凤之名。"宋代杨万里有诗《凤仙花》："细看金凤小花丛，费尽司花染作工。雪色白边袍色紫，更饶深浅四般红。"毛泽东有诗《五古·咏指甲花》："我独爱指甲，取其志更坚。"

物种档案： 民间常用凤仙花的花及叶染指甲，种子称为"急性子"。凤仙花属有 900 余种，在我国 220 余种。

校园分布： 榆中校区零星栽培。

君迁子 黑枣

Diospyros lotus | Dateplum Persimmon

◎ 柿科　柿属

形态特征： 乔木；叶椭圆形至矩圆形[1][3][4]；花单性，雌雄异株；雄花花萼 4 裂，花冠壶形，带红色或淡黄色[1][2]；雌花单生[3][4]，几无梗，淡绿色或带红色，花萼 4 裂[4]，花冠壶形，4 裂，偶有 5 裂；浆果球形[3]，初熟时为淡黄色[3]，后则变为蓝黑色，常被有白色薄蜡层。

名称溯源： 《本草纲目》记载，"君迁之名，始见于左思《吴都赋》"（赋中称为"椑迁"）。君迁子的属名 *Diospyros* 在希腊语中意为上帝的果实（the fruit of the god）。

物种档案： 君迁子是嫁接柿树的砧木，广泛栽植作庭园树或行道树。柿属约 500 种，我国有 57 种。

校园分布： 盘旋路校区钟灵园、家属院、医学校区精诚楼南侧有栽培。

杜仲

Eucommia ulmoides | Eucommia

◎ 杜仲科　杜仲属

形态特征： 落叶乔木[1]；树皮灰色[1]；叶椭圆形或椭圆状卵形[3]，边缘有锯齿，折断有银白色细丝[3]；花单性，雌雄异株，无花被，常先叶开放，生于小枝基部；雄花雄蕊 6~10，花药条形，花丝极短；雌花子房狭长，顶端有 2 叉状柱头，1 室，胚珠 2；翅果狭椭圆形[2]。

名称溯源： 传说有个叫杜仲的人服食此物得道成仙，因此用其名来给此树命名。杜仲的属名 *Eucommia* 是含树胶的意思；种加词 *ulmoides* 指果实像榆树似的。

物种档案： 杜仲科为我国特有的单型科。杜仲是白垩纪–古近纪以来的孑遗物种。杜仲树皮含杜仲胶，为硬橡胶，绝缘性能好。

校园分布： 盘旋路校区天演楼西侧、假山有栽培。

茜草

Rubia cordifolia | India Madder

◎ 茜草科　茜草属

形态特征： 攀缘藤本；小枝有明显的 4 棱角[1]，棱上有倒生小刺；叶 4 片轮生，卵形至卵状披针形[3]，上面粗糙，下面脉上和叶柄常有倒生小刺，叶柄长短不齐；聚伞花序通常排成大而疏松的圆锥花序状[1]；花黄白色，裂片 5[1]；浆果近球状[2]。

名称溯源： 茜草的属名 *Rubia* 是红色的意思；种加词 *cordifolia* 意为心形叶的。

人文掌故： 茜草古代就是染料植物，《诗经·郑风·出其东门》中的"缟衣茹藘"说的是用茜草染成的红色佩巾。

物种档案： 茜草可从根中可提取鲜红色的茜素用于染动物或植物性的纤维，为一种媒染性的天然染料，也是一种天然的红色食用色素。茜草属 70 余种，我国有 36 种 2 变种。

校园分布： 榆中校区广泛分布。

猪殃殃

Galium spurium | Tender Catchweed Bedstraw

◎ 茜草科　拉拉藤属

形态特征： 攀缘状草本；茎有 4 棱角[1][3]，棱上、叶缘及叶背面中脉上均有倒生小刺毛[2]；叶 4~8 片轮生[1][3]，近无柄；叶条状倒披针形[1][3]，顶端有针状凸尖头[1][2][3]；聚伞花序腋生或顶生[1][2][3]；花萼被钩毛；花冠裂片 4，黄白色[2]；子房被毛，花柱 2 裂至中部，柱头头状；果有 1 或 2 个近球状的果爿，密被钩毛[1][3]。

系统变化： 猪殃殃在《中国植物志》中为拉拉藤的变种（*Galium aparine* var. *tenerum*），在 *Flora of China* 中独立为猪殃殃（*Galium spurium*）。

名称溯源： 据说猪食之则病，故名猪殃殃。

物种档案： 拉拉藤属约 300 种，我国有 58 种 1 亚种 38 变种。

校园分布： 榆中校区零星分布。

鳞叶龙胆 小龙胆

Gentiana squarrosa | Roughleaf Gentian

◎ 龙胆科　龙胆属

形态特征： 一年生草本[1]，高 2~8 cm；茎自基部起多分枝[1]，枝铺散，斜升[1]；茎生叶外反，倒卵状匙形或匙形[3]，边缘厚软骨质；花单生于小枝顶端[1]；花萼裂片外反[3]，绿色，叶状；花冠蓝色[1][2][3]，褶先端钝，全缘或边缘有细齿[2]；雄蕊着生于冠筒中部，整齐；柱头 2 裂[2]；蒴果。

名称溯源： 鳞叶龙胆的属名 *Gentiana* 来源于人名 Gentium，他发现龙胆根有滋补作用。

物种档案： 龙胆属植物是漂亮的高山花卉，其根是重要的药材，中药秦艽就是该属植物，也可以作饮料。龙胆属约 400 种，我国有 247 种。

校园分布： 榆中校区羽毛球场附近有分布。

达乌里秦艽 达乌里龙胆

Gentiana dahurica | Dahuria Gentian

◎ 龙胆科　龙胆属

形态特征： 多年生草本[2]；高 10~25 cm，全株光滑无毛，基部为残叶纤维所包围；须根多条，向左扭结成一个圆锥形的根；枝多数丛生，斜升[2]；莲座丛叶披针形或线状椭圆形[2]；茎生叶少数，线状披针形至线形；聚伞花序，顶生或腋生，排列成疏松的花序[1][2]；花萼筒膜质，黄绿色或带紫红色[1]，筒形；花冠筒状钟形，深蓝色[1][2][3]，有时喉部有黄色斑点；裂片 5，先端全缘，褶三角形或卵形，先端全缘或边缘啮蚀形[1][2][3]；雄蕊 5，着生于冠筒中下部；子房无柄，披针形或线形，先端渐尖，花柱线形，柱头 2 裂；蒴果狭椭圆形。

校园分布： 榆中校区萃英山有分布。

罗布麻

Apocynum venetum | Indian Hemp

◎ 夹竹桃科　罗布麻属

形态特征： 亚灌木[1]；叶常对生，椭圆状披针形[1][4]；花萼裂片窄椭圆形或窄卵形；花冠紫红或粉红色[2][3]，花冠筒钟状，被颗粒状突起；花盘肉质，5裂，基部与子房合生；柱头2裂；子房由2枚离生心皮所组成，被白色茸毛；蓇葖果。

名称溯源： 罗布麻的属名 *Apocynum* 来源于希腊语 apo 和 cyno，分别指的是"分开的"和"狗"，可能与一对长的蓇葖果有关。

物种档案： 野生罗布麻主要生长在盐碱荒地和沙漠边缘。罗布麻的茎皮纤维可作高级纺织原料；嫩叶蒸炒揉制后可当茶叶饮用；全株药用，可治疗心血管疾病。罗布麻属约14种，我国产1种。

校园分布： 榆中校区零星分布。

杠柳 北五加皮

Periploca sepium | Chinese Silkvine

◎ 夹竹桃科　杠柳属

形态特征： 蔓性灌木[1][2]；具乳汁；叶对生[1][2]；聚伞花序腋生[1]；花冠紫红色[1]，花冠裂片5枚，反折；副花冠环状，顶端5裂；花粉藏在直立匙形的载粉器内；蓇葖果双生；种子长圆形，顶端具长3 cm的白绢质种毛。

系统变化： 杠柳属在《中国植物志》和 *Flora of China* 中属于萝藦科，在 APG III 系统中合并到夹竹桃科中。

名称溯源： 杠柳的属名 *Periploca* 是编制的意思；种加词 *sepium* 是篱笆的意思。

物种档案： 模式标本采自北京附近山中。杠柳的根皮、茎皮可药用，治疗风湿性关节炎、筋骨痛等，我国北方将杠柳的根皮称为"北五加皮"；杠柳茎叶乳汁含弹性橡胶。杠柳属约12种，我国产4种。

校园分布： 榆中校区零星分布。

地梢瓜

Cynanchum thesioides | Bastardtoadflaxlike Swallowwort

◎ 夹竹桃科　鹅绒藤属

形态特征： 直立半灌木[1]；茎有时在枝顶蔓生或缠绕；全株有乳汁；叶对生
或近对生，线形[1][3][4]；花萼裂片三角状披针形；花瓣 5，绿白色[2]；
副花冠杯状，先端 5 裂；蓇葖果纺锤形[4]，中部膨大，表面具疣
状突起；种子扁圆状，种毛白色绢质。

系统变化： 鹅绒藤属在《中国植物志》和 *Flora of China* 中属于萝藦科，在
APG Ⅲ 系统中合并到夹竹桃科中。在最新研究中，地梢瓜从鹅绒
藤属中独立为地梢瓜属（*Rhodostegiella*）。

物种档案： 地梢瓜的变异较大，茎低矮直立或倾卧，有时枝顶蔓生。幼果可食，
种毛可作填充料。鹅绒藤属约 200 种，我国产 53 种 12 变种。

校园分布： 榆中校区萃英山常见分布。

鹅绒藤

Cynanchum chinense | Chinese Swallowwort

◎ 夹竹桃科　鹅绒藤属

形态特征： 缠绕草本[3]；全株被短柔毛，有乳汁；叶对生，薄纸质，宽三角
状心形[3]，顶端锐尖，基部心形；叶面深绿色，叶背苍白色，两
面均被短柔毛，侧脉约 10 对，在叶背略为隆起；伞形聚伞花序
腋生[3]；花冠白色[1][3]；副花冠二形，上端裂成 10 个丝状体，分为
两轮，外轮约与花冠裂片等长，内轮略短[1]；柱头略为突起，顶
端 2 裂；蓇葖果双生或仅有 1 个发育，细圆柱状[2]；种子长圆形，
种毛白色绢质。

物种档案： 模式标本采自河北北部。根及乳汁入中药。

校园分布： 盘旋路校区、榆中校区广泛分布。

聚合草

Symphytum officinale | Common Comfrey

◎ 紫草科　聚合草属

形态特征: 多年生丛生草本[1]，高 30~90 cm；全株被稍向下硬毛及短伏毛；基生叶具长柄，叶片卵状披针形至卵形[1]，先端渐尖；茎中部和上部叶较小，无柄，基部下延；花序具多花；花冠淡紫、紫红或黄白色[1][2][3]，裂片三角形，先端外卷[3]，喉部具附属物；子房常不育，稀少数花成熟 1 个小坚果，花柱伸出[2]；小坚果斜卵圆形，黑色，平滑，有光泽。

物种档案: 聚合草原产于高加索至欧洲，生于山地。我国 1963 年引进，现在广泛栽培，茎叶可供家畜饲料。聚合草属约 20 种，我国栽培 1 种。

校园分布: 榆中校区东区操场附近有分布。

紫筒草

Stenosolenium saxatile | Cliff Stenosolenium

◎ 紫草科　紫筒草属

形态特征: 多年生草本[1]；茎通常数条，直立或斜升；密生开展的长硬毛和短伏毛；基生叶和下部叶匙状线形或倒披针状线形，近花序的叶披针状线形[1]，两面密生硬毛；花序顶生，逐渐延长；花萼 5 裂至基部[4]，密生长硬毛，裂片钻形；花冠蓝紫、紫或白色[1][2][3]，冠筒细长[3]，喉部无附属物[1][2]，冠筒基部具褐色毛环；雄蕊 5，花丝极短，螺旋状着生于花冠筒中部之上，内藏；花柱长约为花冠筒的 1/2，先端 2 裂，柱头球形；子房 4 裂；小坚果斜卵形密被疣状突起。

名称溯源: 紫筒草的属名 Stenosolenium 是狭管的意思，指花筒长。

物种档案: 紫筒草属仅紫筒草 1 种。

校园分布: 榆中校区天山堂附近、萃英山下有分布。

鹤虱

Lappula myosotis | European Stickseed

◎ 紫草科　鹤虱属

形态特征：一年生或二年生草本[1]；茎直立，中部以上多分枝，密被白色短糙毛；基生叶长圆状匙形，茎生叶披针形或线形[1]；花序在花期短，在果期伸长；花萼 5 深裂，裂片线形，果期增大呈狭披针形；花冠淡蓝色[2]，裂片 5[2]，喉部附属物梯形；小坚果卵状，背面通常有颗粒状疣状突起，边缘有 2 行近等长的锚状刺[3]；小坚果腹面通常具棘状或小疣状突起。

名称溯源：鹤虱的属名 *Lappula* 意为萎缩的牛蒡，指果实上的锚状刺。

物种档案：果实可入药，有消炎杀虫的功效。鹤虱属约 61 种，我国有 31 种 7 变种。

校园分布：榆中校区常见分布。

附地菜

Trigonotis peduncularis | Pedunculate Trigonotis

◎ 紫草科　附地菜属

形态特征：一年生或二年生草本[1]；茎通常多条丛生，密集，铺散，基部多分枝[1]；基生叶有叶柄，叶片匙形，茎上部叶长圆形或椭圆形，无叶柄或具短柄；花序顶生[1][4]，幼时卷曲，后渐次伸长；萼片 5 裂[3]；花冠淡蓝色或粉色[1][2][4]，裂片平展，喉部附属物 5[2]，白色或带黄色；小坚果 4[3]，斜三棱锥状四面体形，具 3 锐棱。

人文掌故：附地菜又称为鸡肠，《本草纲目》记载："鸡肠生下湿地，三月生苗，叶似鹅肠而色微深。"

物种档案：附地菜全草入药，有消肿止痛、止血的功效，嫩叶可供食用。附地菜属约 57 种，我国有 34 种 6 变种。

校园分布：榆中校区广泛分布。

狭苞斑种草

Bothriospermum kusnezowii | Kusnezow Bothriospermum

◎ 紫草科　斑种草属

形态特征： 一年生草本[1]；茎数条丛生，直立或平卧，被开展的硬毛及短伏毛[1]；茎生叶无柄，长圆形或线状倒披针形[1]；花萼果期增大，外面密生开展的硬毛及短硬毛，裂片线状披针形或卵状披针形[3][4]；花冠淡蓝色[1][2]，喉部有 5 个梯形附属物，先端浅 2 裂[2]；雄蕊 5，着生花冠筒部；子房 4 裂，各具 1 粒倒生胚珠；小坚果 4，椭圆形，密生疣状突起[3]，腹面的环状凹陷圆形[4]，增厚的边缘全缘。

名称溯源： 狭苞斑种草的属名 *Bothriospermum* 来源于希腊语，意为有凹陷的种子。

物种档案： 斑种草属约 5 种，我国均产。

校园分布： 榆中校区南区有分布。

狼紫草　野旱烟

Anchusa ovata | Oriental Lycopsis

◎ 紫草科　牛舌草属

形态特征： 草本[1]；茎被稀疏长硬毛，叶倒披针形至线状长圆形[1]；花萼 5 裂至基部，有半贴伏的硬毛，稍不等长，果期增大[4]；花冠蓝紫色[1][2]，筒下部稍膝曲[3]，喉部附属物疣状至鳞片状[1][2]，密生短毛；小坚果表面有网状皱纹和小疣点[4]。

系统变化： 狼紫草在《中国植物志》中属于狼紫草属（*Lycopsis*），其学名为 *Lycopsis orientalis*，在 *Flora of China* 中狼紫草属并入牛舌草属。

名称溯源： 狼紫草的属名 *Anchusa* 有化妆颜料的意思。

校园分布： 榆中校区南区有分布。

✿ **识别要点：** 狭苞斑种草花筒下部无膝曲，喉部附属物梯形，先端浅 2 裂，小坚果表面无网状皱纹；狼紫草花筒下部稍膝曲，附属物疣状至鳞片状，密生短毛，小坚果表面有网状皱纹。

南方菟丝子

Cuscuta australis | Southern Dodder

◎ 旋花科　菟丝子属

形态特征： 一年生寄生草本[1]；茎缠绕，黄色，纤细无叶[1][2]；花序侧生，少花或多花簇生成小伞形或小团伞花序[3][4]；花萼杯状；花冠白色[3][4]，比蒴果短，果熟时仅包围住蒴果的下半部；雄蕊着生于花冠裂片间弯缺处；花柱 2；蒴果球形[4]。

人文掌故： 《古诗十九首》有云："与君为新婚，菟丝附女萝，"菟丝和女萝都是蔓生植物，说明夫妇之间相互依附、相互依靠。李白在一首《古意》中也说："君为女萝草，妾作菟丝花"，这里以"菟丝花"比作女子，以"女萝草"比喻男子，意谓新婚夫妇彼此永结同心。

物种档案： 菟丝子属 170 种，我国有 8 种。

校园分布： 榆中校区零星分布。

银灰旋花　阿氏旋花

Convolvulus ammannii | Silvery-grey Glorybind

◎ 旋花科　旋花属

形态特征： 多年生草本[1][2]；茎平卧或上升；枝和叶密被银灰色绢毛；叶互生，线形或狭披针形[1][2]，无柄；花单生枝端，具细花梗[1]；萼片 5；花冠漏斗状，淡玫瑰色或白色带紫色条纹[1][2]，有毛，5 浅裂；雄蕊 5，较花冠短一半；雌蕊较雄蕊稍长；子房 2 室，每室 2 胚珠；花柱 2 裂，柱头 2，线形；蒴果球形；种子 2~3 枚，卵圆形，光滑，淡褐红色。

名称溯源： 银灰旋花的种加词 *ammannii* 来源于人名 Ammannii Johann Amma（1707 — 1741），其为瑞士 – 俄国的植物学家。该物种的命名人是法国植物学家 Louis Joseph Desrousseaux（1753 — 1838）。

校园分布： 榆中校区萃英山常见分布。

田旋花　箭叶旋花

Convolvulus arvensis | Field Bindweed

🟣 旋花科　旋花属

形态特征： 多年生草本①；茎缠绕；叶卵状长圆形至披针形，基部大多戟形④，全缘；花序腋生①；花柄比花萼长得多；苞片2，线形，与花萼远离③；花冠宽漏斗形，白色或粉红色①②③，或白色具粉红色的瓣中带，冠檐微裂；雄蕊5，稍不等长，较花冠短一半，花丝基部扩大；雌蕊较雄蕊稍长，子房有毛，2室，柱头2，线形；蒴果卵形。

名称溯源： 田旋花的属名 _Convolvulus_ 是拉丁语缠绕的意思；种加词 _arvensis_ 指田野的。

物种档案： 田旋花全草入药，有调经活血、滋阴补虚的功效。旋花属约250种，我国8种。

校园分布： 盘旋路校区、榆中校区广泛分布。

打碗花　盘肠参

Calystegia hederacea | Ivy Glorybind

🟣 旋花科　打碗花属

形态特征： 一年生草本①；叶互生，基部叶全缘；茎上部叶三角状戟形④，中裂片披针形；花单生叶腋；苞片2，卵圆形，包住花萼③，宿存；花冠漏斗状，淡紫色或淡红色①②③；冠檐近截形或微裂；蒴果卵圆形。

系统变化： 打碗花在《中国植物志》和 _Flora of China_ 中属于打碗花属（_Calystegia_），在新的研究中打碗花属并入旋花属（_Convolvulus_）。

名称溯源： 打碗花的属名 _Calystegia_ 是希腊语花萼紧扣花冠（杯）的意思，指花萼覆盖在花冠基部。

物种档案： 打碗花属约25种，我国有5种。

校园分布： 榆中校区常见分布。

✳ **识别要点：** 田旋花苞片线形，与花萼远离；打碗花苞片卵圆形，包住花萼。

圆叶牵牛

Ipomoea purpurea | Roundleaf Morning glory

◎ 旋花科　番薯属

形态特征： 一年生缠绕草本[1]；叶圆心形或宽卵状心形[1][4]；花腋生[3]；花冠漏斗状，紫红色、红色或白色[1][2][3]，花冠管通常白色，瓣中带于内面色深，外面色淡[1][2][3]；雄蕊与花柱内藏；子房3室，每室2胚珠；蒴果近球形，3瓣裂。

系统变化： 圆叶牵牛在《中国植物志》中属于牵牛属（*Pharbitis*），在 *Flora of China* 中属于番薯属（*Ipomoea*），在新的研究中属于牵牛属（*Pharbitis*）。

名称溯源： 圆叶牵牛的属名 *Ipomoea* 来源于希腊文 ips（虫）和 homoios（相似的）。

物种档案： 圆叶牵牛原产于热带美洲，现广为栽培或逸生，可作为观赏植物。番薯属中番薯（*Ipomoea batatas*）的根和叶可食。部分番薯属植物含有生物碱，可作为精神治疗药物，例如阿兹特克和萨波特克人将三色牵牛（*Ipomoea tricolor*）的种子用于萨满教祭司的占卜仪式，利用种子的毒性让罪人们进入恶性幻觉。

校园分布： 盘旋路校区、榆中校区零星分布。

碧冬茄 矮牵牛

Petunia × hybrida | Common Petunia

◎ 茄科　碧冬茄属

形态特征： 一年生或多年生草本[1][2][3]；全株有腺毛；叶卵形，近无柄，全缘；花单生[1][2][3]；花萼深5裂；花冠漏斗状[1][2][3]，顶端5钝裂，花瓣变化大，因品种而异，有单瓣或重瓣，颜色有白色、堇色、深紫色[1][2][3]；雄蕊生在花冠筒中部，4枚两两成对，第5枚小而退化；蒴果。

物种档案： 碧冬茄又叫矮牵牛，世界各国花园中普遍栽培。1835年由威廉·赫伯特（William Herbert）育成，由匍匐性青紫矮牵牛（*Petunia integrifolia*）和野生的直立性腋生矮牵牛（*Petunia axillaris*）两种杂交培育而成。匍匐性青紫矮牵牛于1831年被送到英国的植物园，直立性腋生矮牵牛于1823年由南美洲送到巴黎。碧冬茄属约25种，我国普遍栽培1种。

校园分布： 榆中校区常见栽培。

宁夏枸杞

Lycium barbarum | Matrimony Vine

◎ 茄科 枸杞属

形态特征： 灌木①；有不生叶的短棘刺和生叶、生花的长棘刺；叶互生或簇生①；花萼钟状，通常 2 中裂；花冠漏斗状，紫堇色②，筒部明显长于檐部裂片；雄蕊的花丝基部稍上处及花冠筒内壁生一圈密绒毛；花柱稍伸出花冠②；浆果红色，广椭圆状③。

名称溯源： 枸杞的属名 *Lycium* 是拉丁语植物原名，最早被 Pliny the Elder 和 Pedanius Dioscorides 使用。

人文掌故： 《本草纲目》记载："春采枸杞叶，名天精草；夏采花，名长生草；秋采子，名枸杞子；冬采根，名地骨皮。"

物种档案： 近年来流行的黑果枸杞（*Lycium ruthenicum*）为宁夏枸杞同属植物，是分布于荒漠盐渍环境中的一种新的植物资源，其所含的花青素等色素是强抗氧化剂。

校园分布： 榆中校区西区教学楼附近有分布。

相 似 种： 枸杞（*Lycium chinense*）灌木；花萼通常 3 中裂或 4～5 齿裂④；花冠漏斗状，紫堇色；浆果红色，广椭圆状④。盘旋路校区假山有分布，榆中校区广泛分布。

❋ **识别要点：** 宁夏枸杞花萼通常 2 中裂，筒部明显较裂片长；枸杞花萼通常 3 中裂或 4～5 齿裂，筒部短于裂片。

天仙子 米罐子

Hyoscyamus niger | Black Henbane

◎ 茄科 天仙子属

形态特征： 二年生草本①；全株被黏性腺毛；莲座状叶卵状披针形，边缘有粗牙齿或羽状浅裂；茎生叶三角状卵形①；花在茎上端单生于苞状叶腋内而聚集成蝎尾式总状花序①②；花萼筒状钟形②，花后增大成坛状④；花冠钟状，黄色而脉纹紫堇色③；雄蕊稍伸出花冠；蒴果包藏于宿存萼内④。

人文掌故： 天仙子是致幻植物，《神农本草经》记载："多食令人狂走。久服轻身，走及奔马，强志，益力，通神。"

物种档案： 天仙子又名莨菪子。天仙子种子含有莨菪碱、阿托品及东莨菪碱，因此有很强的致幻作用。根、叶、种子可药用，有镇痉镇痛之效，可作镇咳药及麻醉剂。天仙子是香港政府规管的毒剧中药。天仙子属约 6 种，我国 3 种。

校园分布： 榆中校区萃英山下水渠边有分布。

假酸浆

Nicandra physalodes | Apple of Peru

◎ 茄科　假酸浆属

形态特征： 草本[1]；茎直立，有棱条；叶卵形或椭圆形[1]，草质，边缘有具圆缺的粗齿或浅裂；花单生于枝腋而与叶对生[3]，通常具较叶柄长的花梗，俯垂[3]；花萼 5 深裂[4]，裂片顶端尖锐，基部心脏状箭形，有 2 尖锐的耳片[3]，果期包围果实[4]；花冠钟状，浅蓝色[1][2][3]，5 浅裂；浆果球状[4]，黄色。

名称溯源： 假酸浆的属名 *Nicandra* 来源于古希腊的诗人 Nicander。

物种档案： 假酸浆原产于南美洲，我国南北均有，可作药用或观赏。假酸浆属仅假酸浆 1 种。

校园分布： 榆中校区南区、盘旋路校区绿篱中有零星分布。

曼陀罗 洋金花

Datura stramonium | Jimsonweed

◎ 茄科　曼陀罗属

形态特征： 草本[1]；叶边缘有不规则波状浅裂[1][2]；花萼顶端紧围花冠筒[3][4]，5浅裂，裂片在花后自近基部断裂，宿存部分随果实而增大并向外反折[2]；花冠漏斗状[3][4]，下半部带绿色，上部白色或淡紫色[3][4]，檐部 5 浅裂，裂片有短尖头；蒴果表面生有坚硬针刺[2]，4 瓣裂。

名称溯源： 曼陀罗是藏传佛教术语，意为坛场，指一切圣贤、一切功德的聚集之处。

人文掌故： 曼陀罗花有麻醉作用，宋朝《扁鹊心书》中说："人难忍艾火灸痛，服此(曼陀罗花)即昏不知痛，亦不伤人。"《本草纲目》中记述："八月采此花……热酒调服……少顷昏昏如醉。割疮灸火，宜先服此，则不觉其苦也。"三国时期华佗所制的"麻沸散"中也含有曼陀罗花，民间的"蒙汗药"也是用其所制。

物种档案： 曼陀罗的主要有毒成分为莨菪碱、阿托品及东莨菪碱等生物碱，起麻醉作用的主要成分是东莨菪碱，它的作用是使肌肉松弛，使汗腺分泌受抑制。

校园分布： 榆中校区萃英山下水渠边、东区操场边有分布。

阳芋 马铃薯、土豆

Solanum tuberosum | Potato

◎ 茄科　茄属

形态特征： 草本[1]；地下茎块状；叶为奇数不相等的羽状复叶[1]；小叶 6~8
对[1]，两面均被白色疏柔毛；花白色或蓝紫色[1][2][3][4]；萼钟形，5 裂[4]；
花冠辐状，裂片 5[2][3]；花药长为花丝长度的 5 倍；柱头头状；浆
果圆球状，光滑。

物种档案： 阳芋的人工栽培地最早可追溯到大约公元前 8000 年到 5000 年的
秘鲁南部地区，1566 年传入爱尔兰，1840 年前传到我国。阳芋
含龙葵素，致毒成分为茄碱，发芽时茄碱含量升高，可致中毒。
2009 年阳芋基因组测序成功，其基因组有 12 条染色体、8.4 亿个
碱基对。茄属 2 000 余种，我国有 39 种。茄子、番茄、人参果都
是该属成员。

校园分布： 榆中校区闻韶楼附近、教工公寓 31 号楼附近有栽培。

龙葵 野海椒

Solanum nigrum | Black Nightshade

◎ 茄科　茄属

形态特征： 一年生草本[1]；叶卵形[1]，全缘或边缘具不规则的波状粗齿；蝎尾
状花序腋外生，由 3~6 花组成；萼小，浅杯状；花冠白色，筒部
隐于萼内，5 深裂[2]；花丝短，花药黄色[2]；柱头头状；浆果球形，
熟时黑色[3]。

名称溯源： 龙葵的属名 *Solanum* 首先被古罗马的哲学家、博物学家 Pliny the
Elder (23 — 79) 使用，拉丁语是安慰、舒适的意思。

物种档案： 成熟果实可食。

校园分布： 盘旋路校区、榆中校区常见分布。

相 似 种： 红果龙葵（*Solanum villosum*）直立草本；花序近伞形，腋外生；
花紫色，萼齿 5，花冠筒隐于萼内，5 裂，花药黄色；子房近圆
形；浆果球状，朱红色[4]。红果龙葵在《中国植物志》中的学名
为 *Solanum alatum*。榆中校区草地农业科技学院实验室附近有零
星分布。

❋ **识别要点：** 龙葵果实成熟时黑色，红果龙葵果实成熟时朱红色。

裂叶茄

Solanum triflorum | Cut–leaved Nightshade

◎ 茄科　茄属

形态特征： 一年生草本[3]；匍匐茎，可长达 1 m，有时节上生根；植株具腺毛；叶卵形至椭圆形，羽状深裂[2]；两面绿色，疏毛；花序具 2~3 花[3]；花萼 3~5 mm，裂片 1.5~2 mm，果期增大，反折[1]；花冠 5 裂[3]，直径 1 cm；花通常白色[3]，偶尔紫色；浆果[1]，直径 8~12 mm。

物种档案： 裂叶茄原产于阿根廷，是一种杂草，可在田野、路边等环境中生长。裂叶茄成熟的果实可作为蔬菜或水果食用；未成熟果实和叶有毒性；果实可药用，可用于治疗胃病和儿童腹泻。裂叶茄在《中国植物志》、《中国高等植物》、*Flora of China* 以及各地方植物志中均无记录。

校园分布： 榆中校区南区、萃英山下有分布。

青杞　野茄子

Solanum septemlobum | Sevenlobed Nightshade

◎ 茄科　茄属

形态特征： 直立草本或灌木状[1]；茎具棱角，被白色具节弯卷的短柔毛至近于无毛；叶互生，卵形，5~7 裂[1]，两面均疏被短柔毛；二歧聚伞花序，顶生或腋外生[1][2]；花梗纤细，近无毛，基部具关节；花萼杯状，外面被疏柔毛；5 裂，萼齿三角形；花冠蓝紫色[1][2][3]，花冠筒隐于萼内，先端深 5 裂，裂片长圆形，开放时常向外反折；雄蕊 5，花丝长不及 1 mm，花药黄色[3]，长圆形，顶孔向内；花柱丝状，柱头头状，绿色；子房卵形；浆果近球状，熟时红色[4]。

校园分布： 盘旋路校区、榆中校区广泛分布。

雪柳　五谷树

Fontanesia phillyreoides **subsp.** *fortunei*　|　Fortune Fontanesia

◎ 木犀科　雪柳属

形态特征： 落叶灌木[1]；叶对生，披针形、卵状披针形或狭卵形[1][2][3]；圆锥花序[1][2]；花淡红白色[1][2][3][4]；花萼微小，4 裂；花冠深裂至近基部，4 裂[4]；雄蕊 2[4]，花丝伸出花冠外；子房上位，2 室，花柱圆筒状，柱头 2 叉；果实黄棕色，宽椭圆形，扁平，先端微凹，花柱宿存，周围有狭翅。

系统变化： 雪柳在《中国植物志》中为独立的种，其学名为 *Fontanesia fortunei*，在 *Flora of China* 中为欧女贞雪柳（*Fontanesia phillyreoides*）的亚种。

名称溯源： 雪柳的属名 *Fontanesia* 来源于人名 Rene Louichedes Fontanes（1750 — 1833），其为法国植物学家。

物种档案： 模式标本采自上海。雪柳嫩叶可代茶，茎枝可编筐，茎皮可制人造棉。

校园分布： 榆中校区南区种质资源库有栽培。

连翘

Forsythia suspensa　|　Weeping Forsythia

◎ 木犀科　连翘属

形态特征： 灌木[1]；茎直立，枝条通常下垂，髓中空；叶对生，卵形[4左]，一部分形成羽状三出复叶[4右]；先花后叶，花黄色[1][2][3]；花萼裂片 4；花冠裂片 4[2][3]；雄蕊 2，着生在花冠筒基部；蒴果卵球状，2 室。

名称溯源： 连翘之名来源于果实，其果皮坚硬，顶端开裂，果实片状如翘。连翘的属名 *Forsythia* 来源于苏格兰植物学家 William Forsyth（1737 — 1804）的姓氏，他是英国皇家园艺学会的创建者之一。

物种档案： 连翘是韩国首尔市花，也是银翘解毒片中的主要成分之一。连翘最初是根据栽种在日本庭园中的植物发表的。连翘属约 11 种，我国有 7 种。

校园分布： 各校区广泛栽培。

迎春花

Jasminum nudiflorum | Winter Jasmine

◎ 木犀科　素馨属

形态特征： 落叶灌木[1]；枝条直立并弯曲[1]；幼枝有四棱角；叶对生，小叶3；花单生，着生于已落叶的去年枝的叶腋，先叶开花[1]；萼片5～6；花冠黄色[1][2][3][4]，裂片通常6枚[2][3][4]。

人文掌故： 唐代白居易诗《玩迎春花赠杨郎中》："金英翠萼带春寒，黄色花中有几般？恁君与向游人道，莫作蔓菁花眼看。"宋代韩琦《迎春花》："覆阑纤弱绿条长，带雪冲寒折嫩黄。迎得春来非自足，百花千卉共芬芳。"

物种档案： 素馨属 200 余种，我国产 47 种。

校园分布： 榆中校区后市场附近有栽培。

✳ 识别要点：（1）迎春花植株矮小，枝条呈拱形、易下垂；连翘植株高大，枝条不易下垂。（2）迎春花小枝为绿色，连翘小枝一般为浅褐色。（3）迎春花是三小复叶，连翘是单叶或羽状三出复叶。（4）迎春花一般有 6 枚花瓣，连翘则只有 4 枚花瓣。

紫丁香

Syringa oblata | Early Lilac

◎ 木犀科　丁香属

形态特征： 灌木或小乔木[1]；叶圆卵形至肾形[3]，基部心形或截形至宽楔形；圆锥花序发自侧芽[1]；花冠紫色[1][2]，有些白色[4]；花药位于花冠筒中部或中部靠上；蒴果压扁状[3]，顶端尖，光滑。

系统变化： 花白色的紫丁香在《中国植物志》中为白丁香（*Syringa oblate* var. *alba*），在 *Flora of China* 中归并为紫丁香（*Syringa oblata*）。

名称溯源： 紫丁香的属名 *Syringa* 是指该属植物中空的茎。

人文掌故： 唐代杜甫《江头四咏·丁香》："丁香体柔弱，乱结枝犹垫。"唐代李商隐《代赠二首》："芭蕉不展丁香结，同向春风各自愁。"

物种档案： 紫丁香原产于中国华北地区，花芬芳袭人，为著名的观赏花木之一。紫丁香吸收二氧化硫的能力较强，对二氧化硫污染具有一定净化作用。

校园分布： 各校区广泛栽培。

华丁香 甘肃丁香

Syringa protolaciniata | Chinese Lilac

◎ 木犀科　丁香属

形态特征： 小灌木[1]，高 0.5~3 m；叶全缘或分裂[2][3]；通常枝条上部和花枝上的叶趋向全缘，枝条下部和下面枝条的叶常具 3~9 羽状深裂至全裂；花序通常多对排列在枝条上部呈顶生圆锥花序状[1][4]；花芳香；花冠淡紫色或紫色[1][2][4]，花冠管近圆柱形，裂片 4 [2][4]，卵形、宽椭圆形至披针状椭圆形；雄蕊 2，花药黄绿色；果长圆形至长卵形。

物种档案： 华丁香产于甘肃东部和南部、青海东部，模式标本采自甘肃葡萄园。华丁香是极优美的园林观赏树种。

校园分布： 盘旋路校区毓秀湖附近、榆中校区后市场附近有栽培。

小叶巧玲花 小叶丁香

Syringa pubescens **subsp.** *microphylla* | Hairy Lilac

◎ 木犀科　丁香属

形态特征： 灌木[1]；叶卵形或椭圆状卵形[2][4]；小枝、花序轴、花梗、花萼呈紫色；花冠紫红色，盛开时外面呈淡紫红色[1][2][3]，内带白色，花冠管近圆柱形；花药紫色或紫黑色；花期 5 月—6 月，栽培的每年开花两次，第一次在春季，第二次在 8 月—9 月，故又称四季丁香。

物种档案： 小叶巧玲花的原亚种为巧玲花（*Syringa pubescens*），区别在于小叶巧玲花小枝、花序轴呈四棱形，通常无毛；花冠紫色。也有学者认为此种种下等级的区别甚微，需要重新研究。丁香属约 19 种，我国 16 种。

校园分布： 榆中校区将军苑、医学校区有栽培。

暴马丁香

Syringa reticulata subsp. *amurensis* | Manchurian Lilac

◎ 木犀科　丁香属

形态特征： 落叶小乔木或大乔木[1]；叶宽卵形[1][4]；圆锥花序由 1 到多对着生于同一枝条上的侧芽抽生[1]；花冠白色[1][2][3]，呈辐状；雄蕊 2[2][3]，花丝与花冠裂片近等长或长于裂片，花药黄色[2][3]；蒴果长椭圆形[4]，先端常钝。

物种档案： 暴马丁香是日本丁香（*Syringa reticulata*）的亚种，在《中国植物志》中，暴马丁香为日本丁香的变种。花的浸膏可调制各种香精，是一种使用价值较高的天然香料；花有一定药用价值，常采集做暴马丁香花茶，用于治疗咳嗽和保健；中国西北的甘肃、青海等地，佛教弟子选用暴马丁香代替菩提树，因此人们又称之为"西海菩提树"。

校园分布： 榆中校区小花园南侧、小操场东侧有栽培。

✳ **识别要点：** 暴马丁香花药伸出花冠管外，而华丁香、紫丁香和小叶巧玲花这三种花药藏于花冠管中；华丁香叶片为 3~9 羽状深裂至全裂，兼有全缘叶，紫丁香和小叶巧玲花叶全缘；小叶巧玲花叶小，长小于 3 cm，卵状至披针形，紫丁香叶较大，长可达 7.5 cm，宽卵形。

小叶女贞

Ligustrum quihoui | Waxyleaf Privet

◎ 木犀科　女贞属

形态特征： 小灌木[1]；叶椭圆形至椭圆状矩圆形[1]；圆锥花序[2]；花白色[2]，香，无梗；花冠筒和花冠裂片等长[2]；花药超出花冠裂片；核果宽椭圆形，黑色[3]。

名称溯源： 小叶女贞的属名 *Ligustrum* 是拉丁语植物原名。

物种档案： 女贞属约 45 种，我国产 29 种。

校园分布： 盘旋路校区毓秀湖附近零星栽培，榆中校区广泛栽培。

相 似 种： 金叶女贞（*Ligustrum* × *vicaryi*）落叶灌木；高 1~2 m；单叶对生，椭圆形或卵状椭圆形，叶金黄色[4]，在春秋两季色泽更加亮丽；总状花序，小花白色；核果阔椭圆形，紫黑色。此种为金边卵叶女贞和欧洲女贞的杂交种。榆中校区贺兰堂附近、昆仑堂附近有成片栽培。

✳ **识别要点：** 小叶女贞叶绿色，金叶女贞叶金黄色。

美国红梣 毛白蜡、洋白蜡

Fraxinus pennsylvanica | Green Ash

◎ 木犀科　梣属

形态特征： 落叶乔木[1]；羽状复叶；小叶 7~9，长圆状披针形或椭圆形[4]，具不明显钝齿或近全缘，上面无毛，下面疏被绢毛；圆锥花序生于去年生枝上[2][3]；雄花与两性花异株[3]，与叶同放；无花冠[2][3]；翅果窄倒披针形[4]，中上部最宽，翅下延至坚果中部。

物种档案： 美国红梣原产美国东海岸至落基山脉一带，生于河湖边岸湿润地段。梣属 60 余种，我国产 27 种。该属的白蜡树（*Fraxinus chinensis*）可放养白蜡虫生产白蜡，尤以西南各省栽培最盛。

校园分布： 盘旋路校区和榆中校区普遍栽培。

阿拉伯婆婆纳 波斯婆婆纳

Veronica persica | Arab Speedwell

◎ 车前科　婆婆纳属

形态特征： 铺散多分枝草本[1]；叶具短柄，卵形或圆形[1][4]，边缘具钝齿；苞片互生，与叶同形且几乎等大；花萼果期增大[3]；花瓣 4[2]，前方一枚最窄，花冠蓝色、紫色或蓝紫色[1][2]；雄蕊 2[2]，短于花冠；蒴果肾形，被腺毛，成熟后几乎无毛，凹口角度超过 90 度[3]。

系统变化： 婆婆纳属在《中国植物志》和 *Flora of China* 中属于玄参科，在 APG III 系统中婆婆纳属划入车前科。

名称溯源： 阿拉伯婆婆纳的属名 Veronica 是圣经故事中一位女性人物的名字。

物种档案： 阿拉伯婆婆纳原产于西亚及欧洲，现归化为路边及荒野的杂草。婆婆纳属约 250 种，我国产 61 种。

校园分布： 榆中校区草坪有零星分布。

平车前

Plantago depressa | Depressed Plantain

◎ 车前科　车前属

形态特征： 一年生草本①；直根；基生叶直立或平铺，椭圆形、椭圆状披针形或卵状披针形①，边缘有稀疏排列的小齿或不整齐锯齿；穗状花序顶端花密生②，下部花较疏；雄蕊稍超出花冠②；蒴果。

名称溯源： 车前好生于路边，因此称为车前，其属名 *Plantago* 是希腊语脚下的意思。

人文掌故： 车前在古代被称为"芣苢"，《诗经·周南·芣苢》就是当时人们采车前时所唱的歌谣："采采芣苢，薄言采之。采采芣苢，薄言有之。"

物种档案： 平车前全草药用，幼叶可食。车前属 190 余种，中国有 20 种。

校园分布： 各校区广泛分布。

相 似 种： 大车前（*Plantago major*）二年生或多年生草本③；须根；叶基生呈莲座状；叶宽卵形至宽椭圆形③，边缘波状，疏生不规则牙齿或近全缘；穗状花序④；花冠白色；雄蕊着生于冠筒内面近基部，与花柱明显外伸④，花药通常初为淡紫色④，稀白色；蒴果。榆中校区南区有分布。

✱ **识别要点：** 平车前直根系，叶椭圆形或椭圆状披针形；大车前须根系，叶卵形或宽卵形。

长叶车前　窄叶车前、欧车前、披针叶车前

Plantago lanceolata | Longleaf Plantain

◎ 车前科　车前属

形态特征： 多年生草本①；细须根；基生叶披针形①②，全缘；穗状花序 3～15 个，圆柱状①②③；苞片宽卵形，中央有一具毛的棕色龙骨状突起；前萼裂片倒卵形，连合，顶端微缺，有 2 窄突起，后萼裂片卵形，离生；花冠裂片有一棕色突起；雄蕊着生于冠筒内面中部，明显外伸②③④，花药椭圆形，白色至淡黄色③④；蒴果椭圆形。

物种档案： 长叶车前欧洲广布，其萌发后很快形成莲座形茎生叶，叶质肥厚，细嫩多汁，是早春主要牧草之一，为各种家畜所采食。

校园分布： 榆中校区萃英山下有栽培。

小车前 条叶车前

Plantago minuta | Little Plantain

◎ 车前科　车前属

形态特征： 一年生或多年生草本[3]；叶、花序梗及花序轴密被灰白色或灰黄色长柔毛[3]，有时近无毛；直根细长，无侧根或有少数侧根；基生叶呈莲座状，平卧或斜展；叶线形、狭披针形或狭匙状线形[2][3]；叶柄不明显，基部扩大成鞘状；花序 2 至多数；花序梗直立或弓曲上升[3]，纤细；穗状花序短圆柱状至头状[1][3]，紧密；花冠白色，无毛；雄蕊着生于冠筒内面近顶端，花丝与花柱明显外伸[1]；花药近圆形，干后黄色；蒴果卵球形或宽卵球形；种子 2，深黄色至深褐色。

校园分布： 榆中校区昆仑堂西侧牡丹园、萃英山下零星分布。

互叶醉鱼草 泽当醉鱼草

Buddleja alternifolia | Fountain Butterflybush

◎ 玄参科　醉鱼草属

形态特征： 灌木[1]；枝多呈弧状弯垂[1]；叶互生，披针形[1]，全缘，上面暗绿，下面密被灰白色绒毛；花序为簇生状的圆锥花序[2][3]，花序较短，密集，常生于二年生的枝条上[2][3]；花芳香，4 数[4]；花冠紫蓝色[1][2][3][4]；雄蕊 4，无花丝，着生于花冠筒中部；蒴果矩圆形。

系统变化： 醉鱼草属在《中国植物志》和 *Flora of China* 中属于马钱科，在 APG Ⅲ 系统中醉鱼草属划入玄参科。

名称溯源： 互叶醉鱼草的属名 *Buddleja* 来源于人名 Adam Buddle（1660 — 1715），其为英国植物学家。

物种档案： 互叶醉鱼草为我国特产，模式标本采自甘肃。醉鱼草属约 100 种，我国产 29 种。

校园分布： 榆中校区闻韶楼附近有栽培。

荆条

Vitex negundo var. *heterophylla* | Heterophyllous Negundo Chastetree

◎ 唇形科　牡荆属

形态特征： 落叶灌木[1]；小枝四棱；叶对生，5~7 出掌状复叶[1]，小叶椭圆状卵形，边缘具切裂状锯齿或羽状裂[1]；花组成疏展的圆锥花序[1][3]；花萼钟状，具 5 齿裂，宿存；花冠蓝紫色[1][2][3]，二唇形[2]；雄蕊 4，2 强；核果，球形或倒卵形。

系统变化： 牡荆属在《中国植物志》和 *Flora of China* 中属于马鞭草科，在 APG Ⅲ 系统中牡荆属划入唇形科。

人文掌故： 荆条的枝条在古代被作为刑杖，所以战国末年的廉颇有"负荆请罪"。"荆钗布裙"指荆枝作钗，粗布为裙，形容妇女装束朴素，因此古人谦称自己妻子为"拙荆"。

物种档案： 牡荆属约 250 种，我国有 14 种。

校园分布： 榆中校区南区种质资源库有栽培。

金叶莸

Caryopteris clandonensis 'Worcester Gold' | Bluebeard 'Worcester Gold'

◎ 唇形科　莸属

形态特征： 落叶灌木[1]；株高 50~60 cm；单叶对生，叶长卵形[1]，边缘有粗齿；叶片金黄色[1]；聚伞花序紧密[2][3]，腋生于枝条上部[1][2]，自下而上开放；花萼钟状，二唇形裂，下萼片大而有细条状裂；花冠、雄蕊、雌蕊均为淡蓝色[1][2][3][4]。

系统变化： 莸属在《中国植物志》和 *Flora of China* 中属于马鞭草科，在 APG Ⅲ 系统中莸属划入唇形科。

物种档案： 金叶莸由兰香草（*Caryopteris incana*）和蒙古莸（*Caryopteris mongholica*）杂交而成。金叶莸从展叶初期到落叶终期，叶片始终金黄色，观赏价值很高。莸属约 15 种，我国有 13 种 2 变种 1 变型。

校园分布： 榆中校区昆仑堂前面有成片栽培。

白花枝子花 异叶青兰

Dracocephalum heterophyllum | Diverseleaf Dragonhead

◎ 唇形科 青兰属

形态特征: 多年生草本[1];茎四棱;叶对生,阔卵形至狭长圆形[1][4],边缘具圆齿或小锯齿;轮伞花序密集成穗状[1][2],每轮具 4~10 花;苞片边缘具刺齿及缘毛;花萼二唇形;花冠白色[1][2][3],唇形,二唇近等长;花药黑紫色;小坚果 4。

名称溯源: 白花枝子花的属名 *Dracocephalum* 是希腊语龙头的意思。该植物是由 19 世纪英国著名植物学家乔治·边沁(George Bentham, 1800—1884)命名的。

物种档案: 模式标本采自西藏西部。白花枝子花的植株高矮,茎俯倾、上升或直立的情况,叶形及大小,花萼及花冠的长度等均变化极大。青兰属约 60 种,我国约有 32 种 7 变种。

校园分布: 榆中校区萃英山零星分布。

甘露子 宝塔菜

Stachys sieboldii | Chinese Artichoke

◎ 唇形科 水苏属

形态特征: 多年生草本;茎棱及节上有硬毛[1][2];茎生叶卵形或长椭圆状卵形[1],两面贴生短硬毛;轮伞花序通常 6 花,多数远离排列成顶生假穗状花序[1];花冠粉红色至紫红色[1][2],上唇外面被柔毛,下唇有紫斑[1][2];雄蕊 4,两对,前对较长;小坚果 4。

名称溯源: 甘露子的地下块茎可食,其味甘甜,故称为"甘露子"。甘露子的属名 *Stachys* 来源于希腊语,意为穗,指其穗状花序。

物种档案: 甘露子又称为宝塔菜,可腌制成酱菜,也可凉拌食用。水苏属约 300 种,我国产 18 种。

校园分布: 盘旋路校区在研究生公寓 1 号楼和 2 号楼前有分布,榆中校区零星分布。

细叶益母草

Leonurus sibiricus | Siberian Motherwort

◎ 唇形科　益母草属

			✓	✓	🌺	🌺	🌺	✓		
			✓	✓	✓	✓	✓	●		

形态特征： 多年生草本[①]；茎中部叶轮廓为卵形，掌状三全裂，裂片再分裂成条状小裂片[④]；轮伞花序[①②③]；花萼萼齿 5，前 2 齿靠合；花冠粉红至紫红[①②③]，花冠下唇短于上唇，上唇外密被长柔毛。

名称溯源： 益母草全株具药效，可治妇女疾病，因此称为"益母草"。益母草的种加词 sibiricus 来源于地名 Sibiria（西伯利亚）。

人文掌故： 益母草在《神农本草经》中被列为上品，在《诗经·王风·中谷有蓷》中称为"蓷"。

物种档案： 细叶益母草全草为产后止血及子宫收缩药。益母草属 14～20 种，我国产 12 种。

校园分布： 榆中校区东区操场附近有零星分布。

夏至草　夏枯草

Lagopsis supina | Lagopsis

◎ 唇形科　夏至草属

	🌺	🌺	✓	✓	✓	✓	✓	✓		
		✓	●	●	●	✓	✓	✓		

形态特征： 多年生草本[②]；茎高 15～35 cm，四棱形[①③]；叶对生，叶 3 浅裂或深裂[①②③]；轮伞花序疏花[①②③]，在枝条上部者较密集，在下部者较疏松；花萼管状钟形，齿 5，不等大，三角形，先端刺尖；花冠白色[①②③]，唇形，稍伸出于萼筒，外面被绵状长柔毛，内面被微柔毛，花丝基部有短柔毛；雄蕊 4；花柱先端 2 浅裂；小坚果长卵形。

名称溯源： 夏至草的意思是该植物夏至前后果实成熟。夏至草的属名 Lagopsis 是指像兔子似的。

物种档案： 夏至草属 4 种，我国产 3 种。

校园分布： 盘旋路校区、榆中校区广泛分布。

宝盖草

Lamium amplexicaule | Henbit Deadnettle

◎ 唇形科　野芝麻属

形态特征： 一年生或二年生植物；茎高 10~30 cm，基部多分枝，四棱形；叶圆形或肾形③，基部截形或截状阔楔形，半抱茎，边缘具极深的圆齿③；轮伞花序 6~10 花，其中常有闭花授粉型的花；苞片披针状钻形，具睫毛；花萼筒状钟形，齿 5，披针状锥形；花冠粉红或紫红①②，冠檐二唇形，上唇直立①②，下唇 3 裂，中裂片倒心形，顶端深凹，基部收缩；雄蕊花丝无毛，花药被长硬毛；花柱丝状，先端不相等 2 浅裂；小坚果倒卵状三棱形。

名称溯源： 宝盖草的属名 *Lamium* 是希腊语咽喉的意思；种加词 *amplexicaule* 意为抱茎的。

物种档案： 宝盖草全草可食用，也可全草入药，有治疗外伤骨折、跌打损伤的功效。野芝麻属约 40 种，我国有 3 种 4 变种。

校园分布： 榆中校区零星分布。

通泉草

Mazus pumilus | Japanese Mazus

◎ 通泉草科　通泉草属

形态特征： 一年生草本①；基生叶有时成莲座状或早落，倒卵状匙形至卵状倒披针形④；茎生叶对生或互生①；花萼钟状③，萼片与萼筒近等长；花冠白色、紫色或蓝色①②，上唇裂片卵状三角形，下唇中裂片较小；蒴果球形③。

系统变化： 通泉草属在《中国植物志》和 *Flora of China* 中属于玄参科，在 APG IV 系统中被承认为新科——通泉草科。

名称溯源： 通泉草常生长在较为潮湿的草地，潮湿之地意味着附近有泉水等源，"通泉"之名可能来于此。

物种档案： 通泉草属约 35 种，我国约有 22 种。通泉草在《中国植物志》中的学名为 *Mazus japonicus*。

校园分布： 榆中校区天山堂附近有分布。

兰考泡桐

Paulownia elongate | Lankao Paulownia

◎ 泡桐科　泡桐属

形态特征： 乔木[①]；叶片通常卵状心脏形；花序金字塔形或狭圆锥形，小聚伞花序有花 3~5 朵；萼分裂至 1/3 左右[③左]，萼齿 5 枚[③左]；花冠漏斗状钟形，紫色至粉白色[①②]，花管在基部以上稍弓曲[②]，檐部略作二唇形；子房和花柱有腺毛；蒴果卵形。

名称溯源： 兰考泡桐的属名 *Paulownia* 来源于人名 Anna Paulowna（1795 — 1865），其为俄国沙皇保罗一世的女儿，因此有"公主树"之称。

系统变化： 泡桐属在《中国植物志》和 *Flora of China* 中属于玄参科，在 APG Ⅲ 系统中划入泡桐科。

物种档案： 兰考泡桐是由著名的植物分类学家胡秀英于 1959 年发表的新种，一般认为兰考泡桐是白花泡桐（*Paulownia fortunei*）和毛泡桐（*Paulownia tomentosa*）的天然杂交种。

校园分布： 盘旋路校区钟灵园有栽培。

相似种： 毛泡桐（*Paulownia tomentosa*）落叶乔木；聚伞圆锥花序，小聚伞花序有花 3~5；花萼浅钟状，5 裂至中部[③右]；花冠淡紫色[④]；雄蕊 4，2 强；蒴果卵圆形。榆中校区昆仑堂附近有栽培。

❋ **识别要点：** 兰考泡桐花萼 5 裂至 1/3 左右；毛泡桐花萼 5 裂至中部。

蒙古芯芭　光药大黄花

Cymbaria mongolica | Mongolian Cymbaria

◎ 列当科　芯芭属

形态特征： 多年生草本[①]；丛生[①]；叶无柄，对生或在茎上部近于互生[①]；花生于叶腋中[①]，每茎 1~4 枚；小苞片 2 枚；花冠黄色[①②]，二唇形，上唇略作盔状，裂片向前而外侧反卷[②]，下唇 3 裂[①]；雄蕊 4 枚，2 强[④]；花药倒卵形，上部联合，下部岔开[③]；蒴果；种子长卵形。

系统变化： 芯芭属在《中国植物志》和 *Flora of China* 中属于玄参科，在 APG Ⅲ 系统中划为列当科。

名称溯源： 蒙古芯芭的属名 *Cymbaria* 在希腊语中是小船的意思。

物种档案： 芯芭属约 2 种，我国均产。

校园分布： 榆中校区萃英山广泛分布。

甘肃马先蒿

Pedicularis kansuensis | Kansu Woodbetony

◎ 列当科　马先蒿属

形态特征： 一年生或二年生草本[1]；茎生叶 4 枚轮生[3]，羽状全裂；花轮极多
而疏距，仅顶端较密[1][2]；花萼前方不开裂，5 齿不等大；花冠紫
红色[1][2]，花筒自基部以上向前膝曲；下唇长于盔，盔多少镰状弓
曲；花丝 1 对，有毛；蒴果斜卵形。

系统变化： 马先蒿属在《中国植物志》和 *Flora of China* 中属于玄参科，由于
马先蒿属的植物为半寄生植物，在 APG Ⅲ 系统中划为列当科。

名称溯源： 甘肃马先蒿的属名 *Pedicularis* 是拉丁语虱子的意思。

物种档案： 我国特有种，产于甘肃、青海、四川、西藏等地。马先蒿属约 600 种，
我国 352 种 109 亚种 41 变种。

校园分布： 榆中校区南区种质资源库有分布。

角蒿　羊角草

Incarvillea sinensis | Chinese Incarvillea

◎ 紫葳科　角蒿属

形态特征： 一年生至多年生草本；叶互生，二至三回羽状细裂[1][4]，小叶不规
则细裂，末回裂片线状披针形；花萼绿色带紫红色，萼齿钻状；
花冠淡玫瑰色或粉红色[1][2]，钟状漏斗形，基部收缩成细筒；雄蕊 4，
2 强，着生于花冠筒近基部；蒴果细圆柱形[3]。

名称溯源： 角蒿的属名 *Incarvillea* 为纪念法国传教士和业余植物学家 Pierre
Nicolas Le Chéron d'Incarville（1706 — 1757），他是首次把中国
植物引入欧洲，并第一个描述猕猴桃的外国人。

物种档案： 角蒿属约 15 种，我国产 11 种 3 变种。

校园分布： 榆中校区南区广泛分布。

变　　种： 黄花角蒿（*Incarvillea sinensis* var. *przewalskii*）多年生草本；叶互
生，羽状细裂；花萼钟状；花冠淡黄色[5]，有时在喉部有褐色或
深红色斑点和条纹，裂片顶端圆或微凹；雄蕊 4 枚；蒴果圆柱形[5]。
榆中校区零星分布。

❋ **识别要点：** 角蒿的花玫瑰色或粉红色，黄花角蒿的花淡黄色。

梓

Catalpa ovata | Chinese Catalpa

◎ 紫葳科　梓属

形态特征： 落叶乔木[1]；叶对生，有时轮生，宽卵形或近圆形，先端常三至五浅裂；花多数，成圆锥花序[1][2]；花冠淡黄色[2]，内有黄色线纹和紫色斑点[2]；蒴果。

名称溯源： 梓的属名 *Catalpa* 为印第安语的植物原名。

人文掌故： 桑和梓是古代常栽的树木，因此桑梓指代故乡，《诗经·小雅·小弁》云："维桑与梓，必恭敬止。"梓木可用于书籍印刷的刻版，因此刻印书籍可称为"付梓"。梓木还可以做古琴。

校园分布： 盘旋路校区网球场附近有栽培。

相似种： 灰楸（*Catalpa fargesii*）乔木；叶卵形或三角状心形[4]；顶生伞房状总状花序，有花 7～15[3]；花萼 2 裂达基部；花冠淡红色或淡紫色[3]，内面具紫色斑点；雄蕊 2，退化雄蕊 3；柱头 2 裂；蒴果。《汉书》中有："楸也，亦有误称为梓者。"古人认识到楸树材质好，用途广，居百木之首。楸树的嫩叶可食，花可炒菜或提炼芳香油。明代鲍山《野菜博录》中记载："食法，采花炸熟，油盐调食。或晒干、炸食、炒食皆可。"盘旋路校区旧体育馆与积石堂之间、胡杨楼南侧有栽培。

❋ **识别要点：** 梓的花为淡黄色；灰楸的花为淡紫色。

长柱沙参

Adenophora stenanthina | Longstyle Ladybell

◎ 桔梗科　沙参属

形态特征： 多年生草本；有白色乳汁；茎生叶从丝条状到宽椭圆形或卵形[3]，全缘或有疏齿；花序无分枝，呈假总状花序或有分枝而集成圆锥花序[1][2]；花下垂[1][2]；花萼无毛，萼筒倒卵状长圆形，花萼裂片 5，裂片钻状三角形至钻形[1][2]；花冠蓝紫色[1][2]，近于筒状或筒状钟形，5 浅裂；雄蕊 5，与花冠近等长；花盘圆筒状；花柱伸出[1][2]；蒴果椭圆状。

名称溯源： 长柱沙参的属名 *Adenophora* 是希腊语具有腺体的意思。

物种档案： 沙参属植物多数是中药。沙参属约 50 种，主要产自我国和西伯利亚。我国约 40 种。

校园分布： 榆中校区萃英山零星分布。

刺疙瘩　青海鳍蓟

Olgaea tangutica | Tangut Olgaea

◎ 菊科　蝟菊属

形态特征： 多年生草本[1]；叶近革质[1]；茎生叶基部沿茎下延成翼[1][4]，羽状浅裂，裂片具刺齿，上面绿色，下面被灰白色绒毛[4]；头状花序单生枝端，疏松排列，不呈明显的伞房花序[1]；总苞片条状披针形[3]，革质，顶端针刺状[3]，稍外反；花冠紫色[1][2][3]。

名称溯源： 刺疙瘩的属名 *Olgaea* 来源于地名 Olga（乌恰），位于新疆，是模式标本的采集地；种加词 *tangutica* 为唐古特，是位于西藏、四川、甘肃和青海交界的一部分地区的旧称。

物种档案： 蝟菊属约 12 种，我国约有 7 种。

校园分布： 榆中校区萃英山零星分布。

西北风毛菊

Saussurea petrovii | Petrov Windhairdaisy

◎ 菊科　风毛菊属

形态特征： 多年生草本[2]；茎直立，上部伞房花序状分枝[1]，基生叶及下部与中部茎叶线状长圆形；上部茎叶及最上部茎叶小，线形[1]；全部叶上面绿色，下面灰白色，被稠密的白色绒毛；总苞片 4~5 层，小花粉红色[1][2][3]；瘦果圆柱状，冠毛 2 层，白色，羽毛状。

名称溯源： 西北风毛菊的属名 *Saussurea* 是瑞士植物学家 A. P. de Candolle（1778—1841）为纪念瑞士贵族科学家 Horace-Bénédict de Saussure（1740—1799）和 Nicolas-Théodore de Saussure（1767—1845）父子而命名的。

物种档案： 模式标本采自甘肃兰州。风毛菊属植物主产我国，风毛菊属约 400 余种，我国已知近 264 种。著名中药雪莲花（*Saussurea involucrata*，Snow Lotus）就是该属植物。

校园分布： 榆中校区萃英山广泛分布。

牛蒡

Arctium lappa | Greater Burdock

◎ 菊科　牛蒡属

形态特征： 二年生草本[1]；茎有多数条棱；基生叶宽卵形[1][3]，边缘具稀疏的浅波状凹齿或齿尖，两面异色，上面绿色，下面灰白色或淡绿色；茎生叶与基生叶同形或近同形[1]；头状花序[1][2][3]；总苞片多层，顶端有软骨质钩刺[1][2][3]；小花紫红色[1][2][3]。

名称溯源： 牛蒡的属名 *Arctium* 是希腊语北方的意思；种加词 *lappa* 指有锚状刺的。

人文掌故： 牛蒡果实的钩刺触发了瑞士人 George de Mestral（1907 — 1990）的灵感，使其在 1941 年发明了拉链。

物种档案： 牛蒡的幼茎和肉质根可食，根可酿酒。牛蒡子是名药。皮肤接触易导致接触性皮炎。牛蒡属约 10 种，我国 2 种。

校园分布： 榆中校区零星分布。

刺儿菜 小蓟

Cirsium arvense var. *integrifolium* | Spinegreens

◎ 菊科　蓟属

形态特征： 多年生草本[1]；基生叶和中部茎叶椭圆形；上部茎叶渐小，叶缘有细密的针刺[4]，或大部茎叶羽状浅裂或半裂[4]；全部茎叶两面同色；头状花序单生茎端，或在茎枝顶端排成伞房花序[1]；总苞卵形、长卵形或卵圆形[1]，总苞片约 6 层；小花紫红色[1][2]；有雌花和两性花；冠毛淡褐色[3]。

系统变化： 刺儿菜在《中国植物志》中为 *Cirsium setosum*，在 *Flora of China* 中是丝路蓟（*Cirsium arvense*）的变种。

名称溯源： 刺儿菜的属名 *Cirsium* 希腊语指曲张的静脉，指可以治疗静脉曲张。

物种档案： 蓟属 250~300 种，我国有 50 余种。蓟属的另外一种植物翼蓟（*Cirsium vulgare*）是苏格兰的国花，我国新疆地区有分布。

校园分布： 榆中校区广泛分布。

葵花大蓟　聚头蓟

Cirsium souliei ｜ Soulie's Thistle

◎ 菊科　蓟属

形态特征： 多年生草本[1]；无茎或几无茎[1]；全部叶基生，莲座状，叶狭披针形或长椭圆状披针形，羽状浅裂或深裂[1]；裂片顶端和边缘具小刺[1]，上面绿色，下面淡绿；头状花序无梗或近无梗，数个集生于莲座状叶丛中[1]；总苞宽钟状，无毛，总苞片 3~5 层；全部苞片边缘有针刺，针刺斜升或贴伏；花冠紫红色[1]；瘦果浅黑色，长椭圆状倒圆锥形；冠毛白色或污白色。

名称溯源： 葵花大蓟的种加词 *souliei* 来源于人名 Joseph Auguste Soulié（1868—1930），其为法国植物学家。

物种档案： 模式标本采自四川新都桥。

校园分布： 榆中校区空地零星分布。

丝毛飞廉

Carduus crispus ｜ Curly Bristlethistle

◎ 菊科　飞廉属

形态特征： 二年生或多年生草本[1]，高 40~150 cm；茎直立，有条棱；茎翼边缘齿裂，齿顶及齿缘有黄白色或浅褐色的针刺[1][2]；下部叶椭圆状披针形，羽状深裂，裂片边缘具刺，下面初时有蛛丝状毛，后渐变无毛；头状花序 2~3 个[1][2]；总苞片外层较内层逐渐变短，中层条状披针形，顶端长尖成刺状[3]；花冠紫红色[1][2][3]；瘦果稍压扁，楔状椭圆形；冠毛多层，白色或污白色。

名称溯源： 丝毛飞廉的属名 *Carduus* 来源于拉丁语，指一种蓟。

物种档案： 丝毛飞廉为田间杂草，也是一种优良的蜜源植物。小红蛱蝶（*Vanessa cardui*）的种加词以飞廉属名命名，说明该蝶喜食该物种的花蜜。飞廉属约有 95 种，我国 3 种。

校园分布： 榆中校区广泛分布。

缢苞麻花头　蕴苞麻花头

Klasea centauroides* subsp. *strangulata | Contracted Sawwort

◎ 菊科　麻花头属

形态特征： 多年生草本[1]；茎单生，直立，基部被残存的纤维状撕裂的褐色
叶柄；基生叶与下部茎叶大头羽裂或羽状深裂[3]；中上部无叶或
有 1~2 片线形不裂的小叶；头状花序[1][2]；总苞半圆球形或扁圆
球形[1][2]，总苞片约 10 层；外层与中层卵形、卵状披针形或长椭
圆形，有长 1 mm 的针刺或刺尖；内层及最内层长椭圆形至线形，
上部淡黄色，硬膜质；全部小花管状，紫红色[1][2]；瘦果栗皮色或
淡黄色；冠毛黄色、褐色或带红色。

系统变化： 缢苞麻花头在《中国植物志》中属于麻花头属（*Serratula*），原
麻花头属在 *Flora of China* 中分为伪泥胡菜属（*Serratula*）、滇麻
花头属（*Archiserratula*）和麻花头属（*Klasea*）。缢苞麻花头在
Flora of China 中属于新的麻花头属（*Klasea*）。

物种档案： 缢苞麻花头是麻花头（*Klasea centauroides*）的亚种。

校园分布： 榆中校区萃英山常见分布。

顶羽菊

Rhaponticum repens | Creeping Acroptilon

◎ 菊科　漏芦属

形态特征： 多年生草本[2]；茎单生，少数茎簇生，自基部分枝，分枝斜升[2]；
茎生叶长椭圆形或匙形[1]，全缘；植株含多数头状花序，在茎枝
顶端排成伞房花序或伞房圆锥花序[2]；总苞片约 8 层，全部苞片
具附属物[1][3]，白色，透明，两面被稠密的长直毛[1][3]；全部小花两
性，管状，花冠粉红色或淡紫色[1][2]；瘦果倒长卵形，淡白色；冠
毛白色，多层。

系统变化： 顶羽菊在《中国植物志》中属于顶羽菊属（*Acroptilon*），在
Flora of China 中顶羽菊属并入漏芦属（*Rhaponticum*）。

名称溯源： 顶羽菊的属名 *Rhaponticum* 是由希腊语大黄和俄罗斯的一个地名
组合而成的。

校园分布： 榆中校区南区常见分布。

婆罗门参

Tragopogon pratensis | Jack–go–to–bed–at–noon

◎ 菊科　婆罗门参属

形态特征： 二年生草本①；植株具乳汁；叶条状披针形①，基部半抱茎；头状花序生于茎顶或枝端①，总苞圆柱状①，总苞片 1 层②，总苞片 8～10 枚，披针形或线状披针形②；花全部舌状，黄色②；瘦果灰黑色或灰褐色③④，有纵肋，沿肋有钝疣状突起；果喙纤细，顶端不扩大；冠毛灰色①③④，基部有 1 圈蛛丝状毛③。

名称溯源： 婆罗门参的属名 *Tragopogon* 是希腊语山羊胡须的意思，指果期冠毛呈羽毛状。

物种档案： 婆罗门参幼根可食，有牡蛎口感，是适合糖尿病患者的食物。婆罗门参属约 150 种，我国有 14 种。

校园分布： 榆中校区昆仑堂附近有分布。

菊苣

Cichorium intybus | Common Chicory

◎ 菊科　菊苣属

形态特征： 多年生草本①；植株具乳汁；基生叶莲座状，倒披针状长椭圆形，大头状倒向羽状深裂或羽状深裂④，或不分裂而边缘有稀疏的尖锯齿；茎生叶较小①；头状花序①②③，总苞片 2 层③，舌状小花蓝色①②③，冠毛极短，2～3 层，膜片状。

名称溯源： 菊苣的属名 *Cichorium* 是希腊语植物原名。

人文掌故： 菊苣是最早有文学作品记录的植物之一，2 000 多年前，古罗马诗人 Horace 在一篇记述自己饮食的文中写下"橄榄、菊苣及冬葵是我的粮食。"（Me pascunt olivae, me cichorea, me malvae.）

物种档案： 菊苣的叶是蔬菜；根含菊糖及芳香族物质，可提制代用咖啡，促进人体消化器官活动。2005 年联合国粮食及农业组织指出中国和美国是菊苣的主要产地。菊苣属约 6 种，我国有 3 种。

校园分布： 榆中校区学生公寓 4 号楼东侧有分布。

乳苣 蒙山莴苣

Lactuca tatarica | Common Mulgedium

◎ 菊科　莴苣属

形态特征：多年生草本[1]；植株具乳汁；中下部茎叶长椭圆形或线状长椭圆形[1]，羽状浅裂或边缘有大锯齿；叶质地稍厚，两面光滑无毛；头状花序约含 20 枚小花[4]，全部为舌状花；总苞片 4 层，带紫红色[3]；舌状小花紫色或紫蓝色[1][2][3][4]；瘦果长圆状披针形，灰黑色，每面有 5~7 条高起的纵肋，中肋稍粗厚；冠毛 2 层，白色。

系统变化：乳苣在《中国植物志》中属于乳苣属（*Mulgedium*），在 *Flora of China* 中乳苣属并入莴苣属（*Lactuca*）。

物种档案：乳苣的干根被北美祖尼人当作口香糖。

校园分布：榆中校区南区常见分布。

苦苣菜

Sonchus oleraceus | Common Sow Thistle

◎ 菊科　苦苣菜属

形态特征：一年生或二年生草本；植株具乳汁；基生叶羽状深裂或大头羽状深裂；中下部茎叶羽状深裂或大头状羽状深裂，叶柄基部圆耳状抱茎；头状花序[1][2][3]；舌状小花黄色[1][2]；瘦果褐色[3]，无喙，冠毛白色[3]。

名称溯源：苦苣菜的属名 *Sonchus* 是拉丁语茎中空的意思；种加词 *oleraceus* 意为味美的。

物种档案：苦苣菜属约 50 种，我国有 8 种。

校园分布：榆中校区广泛分布。

相似种：花叶滇苦菜（*Sonchus asper*）一年生草本[4]；中下部茎生叶长椭圆形[4]，叶柄基部耳状抱茎；叶裂片边缘有尖齿刺[4][5]；头状花序排成伞房花序[4][5]；总苞宽钟状，总苞片 3~4 层，绿色，草质；舌状小花黄色[4][5]；冠毛白色。榆中校区零星分布。

❋ 识别要点：花叶滇苦菜的叶裂片边缘有尖齿刺，苦苣菜没有。

苣荬菜

Sonchus wightianus | Sonchus Brachyotus

◎ 菊科　苦苣菜属

形态特征： 一年生或二年生草本[1]；植株具乳汁；基生叶与中下部茎叶倒披针形或长椭圆形[1]，羽状深裂或浅裂；上部茎叶披针形或钻形；中部以上茎叶基部圆耳状扩大半抱茎[4]；头状花序在茎枝顶端排成伞房状花序[1]；总苞钟状，基部有稀疏或稍稠密的绒毛；总苞片 3 层，披针形；全部总苞片顶端长渐尖，外面沿中脉有 1 行头状具柄的腺毛；舌状小花多数，黄色[1][2][3]；瘦果稍压扁，长椭圆形；冠毛白色，柔软。

名称溯源： 苣荬菜的种加词 *wightianus* 是为纪念苏格兰植物学家 Robert Wight（1796－1872）而命名的 122 种植物的一种，岩梧桐属（*Wightia*）也源于其名。

物种档案： 苣荬菜在《中国植物志》中的学名为 *Sonchus arvensis*。

校园分布： 榆中校区广泛分布。

日本毛连菜 枪刀菜

Picris japonica | Japanese Oxtongue

◎ 菊科　毛连菜属

形态特征： 多年生草本；茎被亮色分叉的钩状硬毛[4]；下部茎叶长椭圆形或宽披针形；中部和上部茎叶较下部茎叶小[3]；头状花序多数，在茎枝顶端排成伞房花序或伞房圆锥花序[1][2]；总苞圆柱状钟形[1][2]；总苞片 3 层；全部总苞片外面被硬毛和短柔毛[2]；舌状小花黄色[1][2]；冠毛污白色，外层极短，糙毛状，内层长，羽毛状。

名称溯源： 日本毛连菜的属名 *Picris* 是希腊语苦味的意思。

物种档案： 全草入蒙药，具有清热、消肿及止痛的作用。毛连菜属约 40 种，我国有 5 种。

校园分布： 榆中校区昆仑堂附近有分布。

蒲公英

Taraxacum mongolicum | Mongolian Dandelion

◎ 菊科　蒲公英属

形态特征： 多年生草本[1]；植株具乳汁；叶倒卵状披针形，边缘有时具波状齿或羽状深裂[5]；花葶 1 至数个[1]；头状花序[1][2][3]；总苞片 2~3 层，外层总苞片先端增厚或具角状突起；内层总苞片具小角状突起；舌状花黄色[1][2]；瘦果上部具小刺，下部具成行排列的小瘤[4]；顶端逐渐收缩为长约 1 mm 的圆锥至圆柱形喙基[4]，喙长 6~10 mm；冠毛白色[3][4]。

名称溯源： 蒲公英的属名 *Taraxacum* 来自波斯语植物原名。英文名 dandelion 是狮牙的意思，指叶片边缘呈狮牙状。

物种档案： 蒲公英可作为野菜；全草供药用，有清热解毒、消肿散结的功效；也是一种新型天然橡胶。蒲公英属 2 000 余种，我国有 70 种 1 变种。

校园分布： 各校区广泛分布。

多色苦荬　窄叶小苦荬

Ixeris chinensis* subsp. *versicolor | Chinese Ixeris

◎ 菊科　苦荬菜属

形态特征： 多年生草本[1][2]；植株具乳汁；茎低矮，主茎不明显，自基部多分枝[1][2]；基生叶匙状长椭圆形[1][2]，边缘全缘或羽状浅裂；茎生叶少数，1~2 枚，通常不裂，较小；头状花序含 15~27 枚舌状小花[3][4][5]；舌状小花黄色，极少白色或红色[3][4][5]；瘦果向上渐狭成细喙。

系统变化： 多色苦荬在《中国植物志》为窄叶小苦荬（*Ixeridium gramineum*），属于小苦荬属，在 *Flora of China* 为多色苦荬（*Ixeris chinensis* subsp. *versicolor*），属于苦荬菜属。

名称溯源： 多色苦荬的属名 *Ixeris* 是苦荬菜的意思。

物种档案： 多色苦荬是中华小苦荬（*Ixeris chinensis*）的亚种。

校园分布： 榆中校区广泛分布。

尖裂假还阳参 抱茎小苦荬、抱茎苦荬菜

Crepidiastrum sonchifolium | Sowthistle–leaf Ixeris

◎ 菊科　假还阳参属

形态特征： 一年生草本[1]；植株具乳汁；基部叶莲座状，匙形或倒椭圆形[3]；茎下部叶三至四回栉齿状羽状深裂；中部叶二至三回栉齿状羽状深裂；上部叶心状披针形，基部心形或扩大为耳状抱茎[2]；头状花序[1]；花深黄色[1]，雌花 10～18 朵；两性花 10～30 朵。

系统变化： 尖裂假还阳参在《中国植物志》为抱茎小苦荬（*Ixeridium sonchifolium*），属于小苦荬属，在 *Flora of China* 中为尖裂假还阳参（*Crepidiastrum sonchifolium*），属于假还阳参属。

名称溯源： 尖裂假还阳参的属名 *Crepidiastrum* 是与 *Crepis*（还阳参属）相似的意思。

校园分布： 榆中校区零星分布。

❋ **识别要点：** 多色苦荬主茎不明显，茎生叶少数，1～2 枚，不抱茎；尖裂假还阳参主茎明显，茎生叶多数，抱茎。

款冬 冬花

Tussilago farfara | Coltsfoot

◎ 菊科　款冬属

形态特征： 多年生草本[1]；早春先抽出花葶数条[1]，具互生鳞片状叶；头状花序[1][2]；边缘有多层雌性舌状花，黄色[1][2]；中央为两性筒状花[1][2]，顶端 5 裂，雄蕊 5，通常不结实；冠毛淡黄色[4][5]；后生出基生叶，阔心形[3]，边缘有波状顶端增厚的黑褐色的疏齿，下面密生白色茸毛。

名称溯源： 款冬的属名 *Tussilago* 来自拉丁语，意思是有利于咳嗽的药；种加词 *farfara* 是拉丁语款冬原名。

人文掌故： 款冬在《楚辞》中名为"菟奚"或"颗冻"。《医学启源》记载其有温肺止嗽的功效，但其含有的吡咯啶类生物碱会毒害肝脏。

物种档案： 款冬属仅有款冬 1 种。

校园分布： 榆中校区游泳馆附近、昆仑堂北侧有分布。

欧洲千里光

Senecio vulgaris | Common Groundsel

◎ 菊科　千里光属

形态特征： 一年生草本[①]；茎单生，直立，高 12～45 cm，自基部或中部分枝；茎疏被蛛丝状毛至无毛；叶无柄，倒披针状匙形或长圆形[①④]，羽状浅裂至深裂；头状花序无舌状花[①②]，排成密集伞房花序[①②]，总苞钟状，外层总苞片 7～11，通常具黑色长尖头[②]；总苞片 18～22，线形，上端变黑色，草质，边缘狭膜质，背面无毛；花冠黄色[①②]；瘦果圆柱形，冠毛白色[③]。

名称溯源： 欧洲千里光的属名 *Senecio* 来源于拉丁语，是老人的意思；种加词 *vulgaris* 是路边的、常见的意思。

物种档案： 千里光属约 1 000 种，我国 63 种。

校园分布： 榆中校区广泛分布。

金盏花 金盏菊

Calendula officinalis | Potmarigold Calendula

◎ 菊科　金盏花属

形态特征： 一年生草本[①]，高 20～75 cm，通常自茎基部分枝；基生叶长圆状倒卵形，具柄；茎生叶长圆状披针形[②]，基部多少抱茎，无柄；头状花序单生茎枝顶端[①②]；总苞片 1～2 层，披针形或长圆状披针形，外层稍长于内层；小花黄色或橙黄色[①②]；管状花檐部具三角状披针形裂片；瘦果全部弯曲，淡黄或淡褐色。

物种档案： 金盏花美丽鲜艳，供观赏，各地广泛栽培。金盏花还可作药用，其叶和花瓣可以食用，也可以作为化妆品或染料。金盏花属 20 余种，我国常见栽培 1 种，即金盏花。

校园分布： 盘旋路校区、榆中校区常见栽培。

火绒草

Leontopodium leontopodioides | Common Edelweiss

◎ 菊科　火绒草属

形态特征： 多年生草本[3]；花茎被灰白色长柔毛或白色近绢状毛；叶线形或线状披针形[2][3]，上面灰绿色，被柔毛，下面被灰白色密绵毛或绢毛；苞叶在雄株多少开展成苞叶群[1][3]，在雌株不形成苞叶群；雌株头状花序密集，常有较长花序梗排成伞房状。

物种档案： 火绒草属植物通称"火绒草"，都有厚密的绒毛，容易着火，在农村或山区常作为引火的材料。著名的儿歌《雪绒花》（Edelweiss）就描述得是生长在阿尔卑斯山间的高山火绒草（*Leontopodium alpinum*）。火绒草属约有 56 种，我国有 40 余种。

校园分布： 榆中校区贺兰堂南侧、闻韶楼附近有分布。

翠菊

Callistephus chinensis | China Aster

◎ 菊科　翠菊属

形态特征： 一年生或二年生草本；中部茎叶卵形或近圆形[1]，边缘有粗锯齿，头状花序大，单生于枝端[1][2][3][4]；总苞半球形，总苞片 3 层，边缘有白色糙毛；外围雌花舌状，1 层或多层，红色或蓝色等[1][2][3][4]，中央有多数筒状两性花，两性花花冠黄色[1][2][3][4]；瘦果长椭圆状倒披针形；外层冠毛宿存，内层冠毛雪白色。

名称溯源： 翠菊的属名 *Callistephus* 在希腊语中意为美丽的王冠。

物种档案： 翠菊原产于中国北部，1728 年传入法国，1731 年被英国引种，以后各国相继引种。常作为观赏花卉栽培。翠菊属仅翠菊 1 种。

校园分布： 榆中校区常见栽培。

中亚紫菀木

Asterothamnus centraliasiaticus | Central Asian Asterothamnus

◎ 菊科　紫菀木属

形态特征： 半灌木[1]，高 20~40 cm；茎多数，簇生[1]；下部多分枝，上部有花序枝，直立或斜升；叶较密集，斜上或直立，长圆状线形或近线形；头状花序在茎枝顶端排成疏散的伞房花序[1]；总苞宽倒卵形，总苞片 3~4 层，外层较短，卵圆形或披针形，内层长圆形；花序外围有 7~10 个舌状花，淡紫色[1][2]；中央的两性花 11~12 个，花冠管状，黄色[2]，有 5 个裂片；瘦果，冠毛白色[3]，糙毛状，与花冠等长。

物种档案： 中亚紫菀木产于青海、甘肃、宁夏和内蒙古，生于草原或荒漠地区。紫菀木属约有 7 种，我国有 5 种。

校园分布： 榆中校区萃英山零星分布。

阿尔泰狗娃花　阿尔泰紫菀

Aster altaicus | Altai Heteropappus

◎ 菊科　紫菀属

形态特征： 多年生草本[1][3]；茎被上曲或有时开展的毛；下部叶条形或矩圆状披针形[1][3]；上部叶渐狭小，条形；头状花序[1][2][3]；总苞片 2~3 层；舌状花约 20 个，舌片浅蓝紫色[1][2][3]；管状花黄色[1][2][3]，裂片不等大；冠毛污白色或红褐色。

系统变化： 阿尔泰狗娃花在《中国植物志》中属于狗娃花属（*Heteropappus*），在 *Flora of China* 中狗娃花属并入紫菀属（*Aster*）。

名称溯源： 阿尔泰狗娃花的属名 *Aster* 是希腊语星的意思，指花的特征。

人文掌故： 1918 年匈牙利的革命称为"Aster Revolution"，因为部队士兵身穿紫菀花衣服。

校园分布： 榆中校区广泛分布。

小蓬草 小白酒草、小飞蓬

Erigeron canadensis | Canadian Fleabane

◎ 菊科　飞蓬属

形态特征： 一年生草本[1]；茎直立，上部多分枝[1]；叶互生，条状披针形或矩圆状条形[1]，全缘或具微锯齿，边缘有长睫毛；头状花序密集，圆锥状或伞房状圆锥状[1][2][3]；总苞片条状披针形，边缘膜质；舌状花直立，白色微紫；两性花筒状，5齿裂；冠毛污白色[2][3]，刚毛状。

系统变化： 小蓬草在《中国植物志》中属于白酒草属（*Conyza*），在 *Flora of China* 中属于飞蓬属（*Erigeron*）。

名称溯源： 小蓬草的属名 *Erigeron* 在希腊语中指早生白发的人，指该植物花后很快出现"白发"状的果实，白发其实是冠毛。

物种档案： 小蓬草常生长于旷野、荒地、田边和路旁，是一种常见的杂草。小蓬草的嫩茎、叶可作猪饲料；全草入药，具有消炎止血的功效。

校园分布： 榆中校区广泛分布。

灌木亚菊

Ajania fruticulosa | Shrubby Ajania

◎ 菊科　亚菊属

形态特征： 小亚灌木[2]，老枝麦秆黄色，花枝灰白色或灰绿色[1]；茎中部叶二回掌状或掌式羽状3~5裂[1][3]，一、二回全裂；一回侧裂片1对或不明显2对；小裂片线状钻形、宽线形[1][3]；总苞钟状，总苞片4层，边缘白或带浅褐色膜质，外层麦秆黄色；花黄色[1][2]；边缘雌花细管状；瘦果。

名称溯源： 灌木亚菊的属名 *Ajania* 来源于俄罗斯远东一个城市名 Ayan，该属是1955年苏联植物分类学家 Petr Petrovich Poljakov（1902 — 1974）建立的一个新属。

物种档案： 灌木亚菊是一个多型种，有非常多的地区性居群。亚菊属36种，主产于我国。

校园分布： 榆中校区萃英山广泛分布。

栉叶蒿

Neopallasia pectinata | Pectinate Neopallasia

◎ 菊科　栉叶蒿属

形态特征： 一年生或多年生草本[2]；茎自基部分枝或不分枝[1][2][3]，直立，高
12~40 cm，常带淡紫色[1]；叶栉齿状羽状全裂，裂片线状钻形[1][3]；
多数头状花序在小枝或茎中上部排成多少紧密的穗状或狭圆锥状
花序[1][2][3]；边缘的雌性花 3~4 个，能育，花冠狭管状，全缘；中
心花两性，9~16 个，有 4~8 个着生于花托下部，能育，其余着
生于花托顶部的不育，全部两性花花冠 5 裂。

物种档案： 栉叶蒿属是由 Poljakov 于 1955 年建立的一个新属，自蒿属分出，
仅有栉叶蒿 1 种，并且得到了分子标记的佐证。栉叶蒿分布广，
变异大。

校园分布： 榆中校区萃英山零星分布。

黄花蒿 青蒿

Artemisia annua | Sweet Wormwood

◎ 菊科　蒿属

形态特征： 一年生草本[1]；植株有浓烈的挥发性香气；茎下部叶三至四回栉
齿状羽状深裂；中部叶二至三回栉齿状羽状深裂；上部叶与苞
片叶一至二回栉齿状羽状深裂[2]；头状花序[3]；花深黄色[3]，雌花
10~18 朵；两性花 10~30 朵。

物种档案： 我国第一位获得诺贝尔医学奖的本土科学家屠呦呦，就是从黄花
蒿中分离和提纯了青蒿素。青蒿素为倍半萜内脂化合物，为抗
疟疾的主要有效成分。黄花蒿不同于另一种蒿属植物"青蒿"
（*Artemisia caruifolia*），二者药用功能虽然接近，但后者不含"青
蒿素"，没有抗疟疾的作用。世界卫生组织已把青蒿素的复方制
剂列为国际防治疟疾的首选药物。

校园分布： 榆中校区广泛分布。

猪毛蒿

Artemisia scoparia | Virgated Wormwood

◎ 菊科　蒿属

形态特征： 多年生草本[1]；植株有浓烈的香气；茎红褐色或褐色[2][3]；茎下部叶二至三回羽状全裂，小裂片狭线形；中部叶长圆形或长卵形，一至二回羽状全裂，小裂片丝线形或为毛发状[2][3][4]；头状花序[2][3][4]；总苞片 3~4 层，雌花 5~7 朵，两性花 4~10 朵，不育；瘦果。

名称溯源： 猪毛蒿的属名 *Artemisia* 来源于希腊语，意为古希腊神话中的月亮女神；种加词 *scoparia* 指帚状的。

物种档案： 猪毛蒿是欧亚大陆温带与亚热带地区的广布种。猪毛蒿的基生叶、幼苗及幼叶等入药，民间称为"土茵陈"，化学成分、功用等与"茵陈蒿"相同。

校园分布： 榆中校区南区广泛分布。

臭蒿　牛尾蒿

Artemisia hedinii | Hedin's Wormwood

◎ 菊科　蒿属

形态特征： 一年生草本[1]；植株有浓烈臭味；基生叶密集成莲座状，二回栉齿状羽状分裂；茎下部与中部叶二回栉齿状羽状分裂[1]；上部叶与苞片叶渐小，一回栉齿状羽状分裂[1]；头状花序在茎端及短的花序分枝上排成密穗状花序，并在茎上组成密集、狭窄的圆锥花序[2][3][4]；总苞片 3 层，花序托凸起，半球形；雌花 3~8 朵；两性花 15~30 朵，花冠檐部紫红色；瘦果长圆状倒卵形。

名称溯源： 臭蒿的种加词 *hedinii* 可能来源于探险家斯文・赫定 Sven Hedin 之名。

物种档案： 模式标本采自我国西藏东部。臭蒿有清热、解毒、凉血、消炎的功效。

校园分布： 榆中校区零星分布。

白莲蒿　铁秆蒿

Artemisia gmelinii | Gmelin's Wormwood

◎ 菊科　蒿属

			✓	✓	✓	✓	✿	✿	✿	✓	
				✓	✓	✓		●	●	●	

形态特征： 半灌木状草本[3]；茎多数，常组成小丛，褐色或灰褐色，具纵棱；
木质茎下部叶与中部叶二至三回栉齿状羽状分裂[3]；上部叶一至
二回栉齿状羽状分裂[2]；头状花序近球形[1]，在茎上组成密集或
略开展的圆锥花序[1]；总苞片 3~4 层；雌花 10~12 朵；两性花
20~40 朵，花冠管状，花柱先端 2 叉；瘦果。

名称溯源： 白莲蒿的种加词 *gmelinii* 来源于德国 gmelin 家族的姓氏。

物种档案： 白莲蒿含挥发油，主要成分为萜类化合物，还含倍半萜内脂等。
白莲蒿可入药，有清热、解毒的功效，可作"茵陈"的代用品。
白莲蒿在《中国植物志》中的学名为 *Artemisia sacrorum*。

校园分布： 榆中校区萃英山广泛分布。

蒙古蒿

Artemisia mongolica | Mongolian Wormwood

◎ 菊科　蒿属

			✓	✓	✓	✓	✿	✿	✿		
			✓	✓	✓	✓		●	●	●	

形态特征： 多年生草本[1]；茎少数或单生，高 40~120 cm；分枝多，斜向上
或略开展；下部叶二回羽状全裂或深裂，一回全裂，每侧裂片
2~3；中部叶一至二回羽状分裂，一回全裂，每侧裂片 2~3[3]；
上部叶与苞片叶羽状全裂、5 或 3 全裂[4]；头状花序多数，椭圆形，
在茎上组成圆锥花序[1][2]；总苞片 3~4 层；雌花 5~10，花冠狭管状，
檐部紫红色；两性花 8~15，花冠管状，檐部紫红色；瘦果。

物种档案： 蒙古蒿全草入药，可作"艾"的代用品，有温经、止血、散寒的功效。
蒙古蒿可提取芳香油，供化工工业用；全株可作牲畜饲料。

校园分布： 榆中校区南区广泛分布。

旋覆花

Inula japonica | Japanese Inula

◎ 菊科　旋覆花属

形态特征： 多年生草本；茎单生，有时 2~3 个簇生，直立，高 30~70 cm；中部叶长圆形，基部渐狭或有半抱茎的小耳，无叶柄，边缘有疏齿或全缘；头状花序，多或少数排成疏散伞房状[1][2]；总苞片约6层；舌状花黄色[1][2][3]，舌片线形，顶端有 3 小齿[3]；冠毛 1 层，白色；瘦果圆柱形。

名称溯源： 旋覆花的花缘繁茂，圆而覆下，因此称为"旋覆花"。

物种档案： 旋覆花是亚洲东部许多地区的常见种。旋覆花与欧亚旋覆花（*Inula britannica*）极近似，常被视为后者的一个变种（*nula britannica* var. *japonica*）或亚种（*nula britannica* subsp. *japonica*）。旋覆花属约 100 种，我国有 20 余种和多数变种。

校园分布： 盘旋路校区、榆中校区南区有分布。

蓼子朴　沙地旋覆花

Inula salsoloides | Salsola–like Inula

◎ 菊科　旋覆花属

形态特征： 亚灌木[3]；地下茎分枝长，横走，木质；茎平卧，或斜升，或直立，下部木质，基部有密集的长分枝，中部以上有较短的分枝；叶披针状或长圆状线形[1][2][3]，全缘，半抱茎；头状花序单生于枝端[1][2][3]，总苞倒卵形，总苞片 4~5 层，干膜质，基部常稍革质；舌状花浅黄色[1][2][3]，顶端有 3 个细齿；管状花黄色[1][2]，花冠上部狭漏斗状，顶端有尖裂片；瘦果；冠毛白色。

物种档案： 蓼子朴为良好的固沙植物。茎常横卧，被沙土掩盖后到处生根，往往成片生长。

校园分布： 榆中校区零星分布。

天人菊

Gaillardia pulchella | Rosering Gaillardia

◎ 菊科　天人菊属

| | | | 🌺 | 🌺 | 🌺 | 🌺 | 🌺 | | |
| | | | 🌱 | 🌱 | 🌱 | ● | ● | | |

形态特征： 一年生草本[1]，高 20~60 cm；茎中部以上多分枝，分枝斜升；下部叶匙形或倒披针形，边缘波状钝齿、浅裂或琴状分裂；上部叶长椭圆形；总苞片边缘有长缘毛，背面有腺点，基部密被长柔毛；舌状花黄色，基部带紫色[1][2][3]，舌片先端 2~3 裂[1][3]；管状花裂片三角形，顶端芒状[1][2][3]；瘦果基部被长柔毛。

名称溯源： 天人菊的属名 *Gaillardia* 来源于人名 Gaillardde Marenton，其为法国植物学爱好者。

物种档案： 天人菊是美国俄克拉荷马州的州花，也是台湾省澎湖县的县花。天人菊属约有 20 种，原产于南北美洲热带地区，我国栽培 2 种。

校园分布： 盘旋路校区积石堂前有栽培。

大丽花　天竺牡丹

Dahlia pinnata | Garden Dahlia

◎ 菊科　大丽花属

| | | | 🌺 | 🌺 | 🌺 | 🌺 | 🌺 | | |
| | | | 🌱 | 🌱 | ● | ● | ● | | |

形态特征： 多年生草本[1]；茎直立，多分枝[1]；叶一至三回羽状全裂，上部叶有时不分裂，裂片卵形或长圆状卵形[1]；头状花序大[1]，舌状花 1 层，白色、红色或紫色[1][2][3][4]；管状花黄色，有时栽培种全部为舌状花[1][2][3][4]；瘦果长圆形。

名称溯源： 大丽花的属名 *Dahlia* 来源于人名 Anders Dahl（1751 — 1789），其为林奈晚期的学生，瑞典植物学家。

物种档案： 大丽花原产于墨西哥，是墨西哥的国花。其块根含菊糖，在医药上有与葡萄糖同样的功效，也是墨西哥阿兹特克（Aztecs）民族的食物。大丽花属约 15 种，我国栽培 1 种。

校园分布： 榆中校区望远楼附近有栽培。

两色金鸡菊　蛇目菊

Coreopsis tinctoria | Plains Coreopsis

◎ 菊科　金鸡菊属

形态特征： 一年生草本[2]；叶对生，下部及中部叶二回羽状全裂，裂片线形或线状披针形；上部叶无柄或下延成翅状柄；头状花序多数[1][2][3]，排成伞房状或疏圆锥状；总苞半球形，舌状花黄色[1][2][3]，管状花红褐色[1][2][3]；瘦果两面光滑或有瘤状突起，顶端有2细芒。

名称溯源： 两色金鸡菊的属名 *Coreopsis* 是希腊语似臭虫的意思；种加词 *tinctoria* 来源于拉丁语，指多种染料的。

物种档案： 两色金鸡菊是原产于北美的栽培观赏植物，北美祖尼人（Zuni）用该花制造红色颜料，也做热饮，国内称为"天山雪菊"。金鸡菊属约100种，我国栽培或野化7种，常见3种。

校园分布： 盘旋路校区正门口、积石堂前面有栽培。

秋英　波斯菊

Cosmos bipinnatus | Common Cosmos

◎ 菊科　秋英属

形态特征： 一年生或多年生草本，高1~2 m[1]；叶二回羽状深裂，裂片线形或丝状线形[1]；头状花序单生[1][2][3]；总苞片外层披针形或线状披针形，淡绿色，具深紫色条纹；舌状花紫红色、粉红色或白色[1][2][3][4]，舌片椭圆状倒卵形；管状花黄色[1][2][3][4]，上部圆柱形；瘦果黑紫色，上端具长喙，有2~3尖刺。

名称溯源： 秋英的属名 *Cosmos* 是希腊语和谐、有序的意思。

物种档案： 秋英是著名的观赏植物，原产于墨西哥，我国广泛栽培。秋英在《中国植物志》中的学名为 *Cosmos bipinnata*。秋英属约有25种，我国常见栽培有2种。

校园分布： 榆中校区正门口、望远楼附近有栽培。

万寿菊

Tagetes erecta | African Marigold

◎ 菊科　万寿菊属

形态特征： 一年生草本[1]；叶羽状分裂[1][2]，裂片长椭圆形，边缘具锐锯齿；头状花序单生[1][2]，花序梗顶端棍棒状膨大，舌状花黄色或暗橙色[1][2]；管状花花冠黄色[2]，顶端具 5 齿裂；冠毛有 1~2 个长芒和 2~3 个短而钝的鳞片。

名称溯源： 万寿菊开花的时间为晚秋，此时万花皆落，此花独开，因此称为"万寿菊"。万寿菊的属名 *Tagetes* 源于罗马神话中的人名。

物种档案： 万寿菊原产于墨西哥，是一些地区宗教礼仪中的常用花，也可用于烹饪、提炼精油和叶黄素。万寿菊属约 30 种，我国常见栽培的有 2 种。

校园分布： 盘旋路校区、榆中校区常见栽培。

相 似 种： 孔雀草(*Tagetes patula*)一年生草本[3]；叶羽状分裂 头状花序单生[3][4]；舌状花金黄色或橙色[3][4]，带有红色斑；舌片顶端微凹[4]；管状花花冠黄色[4]。孔雀草原产于墨西哥。榆中校区常见栽培。

❋ **识别要点：** 万寿菊的舌状花无红色斑，叶裂片长椭圆形；孔雀草的舌状花带红色斑，叶裂片线状披针形。

串叶松香草

Silphium perfoliatum | Cup Plant

◎ 菊科　松香草属

形态特征： 多年生草本，2~3 m[1]；茎直立，四棱，呈正方形或菱形；茎上部分枝[1]；叶长椭圆形[1]，叶面皱缩，稍粗糙，叶缘有缺刻，呈锯齿状；头状花序，在茎顶成伞房状[1][2]；花黄色[1][2]；边缘舌状花 2~3 轮，先端 3 齿，可育；中间管状花，两性，不育；瘦果[3]，心脏形，扁平，边缘有翅。

名称溯源： 串叶松香草的种加词 *perfoliatum* 意为穿叶的。

物种档案： 串叶松香草又名法国香槟草、菊花草。原产于北美，为北美洲独有的一属植物。18 世纪 50 年代引入欧洲、俄国，1759 年林奈给予定名，1979 年从朝鲜引入我国。

校园分布： 榆中校区干旱室有栽培。

苍耳

Xanthium strumarium | Siberian Cocklebur

◎ 菊科　苍耳属

形态特征： 一年生草本①；叶三角状卵形或心形①③，上面绿色，下面苍白色；雄性花头状花序球形，花冠钟形，花管裂片 5；雌性花头状花序椭圆形，内层总苞片合生成囊状，宽卵形或椭圆形①②，在瘦果成熟时变坚硬，外面有疏生的具钩状的刺①②；喙坚硬，锥形，上端略呈镰刀状①②；瘦果 2。

名称溯源： 苍耳的属名 *Xanthium* 是希腊语黄色的意思，曾经用来提取黄色染料。

人文掌故： 苍耳古代称为卷耳，幼苗可作为野菜食用，《诗经·周南·卷耳》有："采采卷耳，不盈顷筐，"说的是古代妇女背着斜筐，在野外采集苍耳。

物种档案： 苍耳在《中国植物志》中的学名为 *Xanthium sibiricum*。苍耳属约有 25 种，我国有 3 种 1 变种。

校园分布： 榆中校区南区和萃英山下零星分布。

向日葵

Helianthus annuus | Sunflower

◎ 菊科　向日葵属

形态特征： 一年生高大草本①②；茎不分枝或有时上部分枝；叶互生，心状卵圆形或卵圆形①②；头状花序单生于茎端或枝端①②；总苞片多层，覆瓦状排列；花托平或稍凸①②③；舌状花多数，黄色①②，不结果实；管状花极多数①②③，棕色或紫色，结果实。

名称溯源： 向日葵的属名 *Helianthus* 就是太阳花的意思。

人文掌故： 最早记载向日葵的文献为明朝王象晋所著《群芳谱》中记载的"丈菊"。

物种档案： 向日葵是俄罗斯、乌克兰、葡萄牙、秘鲁、玻利维亚的国花。向日葵在美国西南部和墨西哥交界处被驯化，西班牙人于 1510 年从北美带到欧洲，在明朝时引入中国。

校园分布： 榆中校区零星栽培。

菊芋 洋姜、洋洋芋

Helianthus tuberosus | Jerusalem Artichoke

◎ 菊科　向日葵属

形态特征： 多年生草本[1]；茎被短糙毛或刚毛；基部叶对生[3]，上部叶互生，矩卵形至卵状椭圆形[3]，3脉；头状花序数个，生于枝端[1]；舌状花淡黄色[1][2][4]；筒状花黄色[1][2][4]；瘦果楔形。

名称溯源： 菊芋的种加词 *tuberosus* 意为块茎的。

物种档案： 菊芋原产于北美，我国各地均有栽培。块茎形如生姜，故名"洋姜"。块茎可制成酱菜；块茎含有丰富的淀粉，可制成菊糖和酒精，菊糖在医药上是治疗糖尿病的良药。菊芋被联合国粮食及农业组织官员称为"21世纪人畜共用作物"。向日葵属约100种，我国约9种。

校园分布： 榆中校区南区种质资源库有种植，种植有超过200个品系。

百日菊

Zinnia elegans | Common Zinnia

◎ 菊科　百日菊属

形态特征： 一年生草本植物；茎直立，叶无柄，对生[1]，基部抱茎；叶形为卵圆形至长椭圆形[1]，叶全缘；头状花序单生枝端[1][2][3]，舌状花有多轮花瓣，有白、绿、黄、粉、红、橙等色[1][2][3]，管状花集中在花盘中央，黄橙色[1][2][3]；瘦果广卵形至瓶形。

名称溯源： 百日菊的属名 *Zinnia* 来源于人名 Johann Gottfried Zinn（1727—1759），其为德国植物学家、解剖学家。他1757年描述了秘鲁黄雏菊（*Rudbeckia peruviana*），2年后被林奈独立成新属百日菊属（*Zinnia*），该种也被改为秘鲁百日菊（*Zinnia peruviana*）。

物种档案： 2016年1月，美国国家航空航天局（NASA）宇航员在空间站中培育的百日菊开花，成为有史以来在太空中开放的第一朵花。百日菊原产于墨西哥。百日菊属约17种，我国引入栽培3种。

校园分布： 榆中校区常见栽培。

牛膝菊

Galinsoga parviflora | Gallant Soldier

◎ 菊科　牛膝菊属

形态特征： 一年生草本；茎不分枝或自基部分枝，分枝斜升；叶对生，卵形或长椭圆状卵形[1][3]；全部茎生叶两面粗涩，被白色稀疏贴伏的短柔毛；头状花序半球形[1][2][3]，多数在茎枝顶端排成疏松的伞房花序[1][3]；总苞片 1~2 层，约 5 个；舌状花 4~5 个，舌片白色[1][2][3]，顶端 3 齿裂；管状花黄色[1][2][3]；瘦果；管状花冠毛膜片状，白色，边缘流苏状。

名称溯源： 牛膝菊的属名 *Galinsoga* 来源于人名 M. M. Galinsoga，其为 18 世纪西班牙植物学家。

物种档案： 牛膝菊全草药用，有止血、消炎的功效。牛膝菊原产于南美洲，逐渐归化为广布的物种。牛膝菊属约 5 种，我国有 2 种。

校园分布： 榆中校区广泛分布。

香荚蒾 香探春

Viburnum farreri | Farrer's Viburnum

◎ 五福花科　荚蒾属

形态特征： 灌木[1][2][3]；叶椭圆形[4]；圆锥花序具多花[1][2][3]，花先叶开放，芳香，含苞待放时粉红色[1][2][3]，后为白色；花冠高脚碟状，花冠裂片 5[3]；雄蕊 5，着生于花冠筒中部；核果鲜红色[4]。

系统变化： 荚蒾属在《中国植物志》中属于忍冬科，在 *Flora of China* 和 APG Ⅲ 系统中划入五福花科。

名称溯源： 荚蒾的属名 *Viburnum* 来自拉丁语植物原名；种加词 *farreri* 来源于英国著名的旅行家、植物采集者 Reginald John Farrer（1880 — 1920），他对甘肃岷山山脉的采集尤甚。

物种档案： 香荚蒾是早春开花树种，花美丽芳香，可作为观赏树种。荚蒾属约有 200 种，我国约有 74 种。

校园分布： 各校区广泛栽培。

聚花荚蒾　球花荚蒾

Viburnum glomeratum | Glomerate Viburnum

◎ 五福花科　荚蒾属

形态特征： 落叶灌木或小乔木；老枝灰黑色；叶对生[3]，纸质，卵状椭圆形、卵形或宽卵形[1][3]，侧脉 5~11 对，与其分枝均直达齿端；叶边缘有牙齿，上面疏被簇状短毛，下面初时被由簇状毛组成的绒毛；聚伞花序具多数花[1][2]；萼筒被白色簇状毛，萼齿卵形，与花冠筒等长或为其 2 倍；花冠白色[1][2]，雄蕊稍高出花冠裂片，花药近圆形；核果椭圆形，果实红色，后变为黑色；核椭圆形，扁，有 2 条浅背沟和 3 条浅腹沟。

物种档案： 模式标本采自四川康定。

校园分布： 榆中校区南区种质资源库有分布。

陕西荚蒾　土栾条

Viburnum schensianum | Shensi Viburnum

◎ 五福花科　荚蒾属

形态特征： 灌木，高可达 3 m；幼枝具星状毛，老枝灰褐色，冬芽不具芽鳞；叶对生，卵状椭圆形[3][4]，边有浅齿，侧脉 5~6 对；聚伞花序有多花[1][2]，第一级辐枝通常 5 条；萼筒圆筒形，萼齿卵形；花冠白色，辐状[1][2]；雄蕊 5，着生近花冠筒基部，稍长于花冠；子房平滑无毛；核果短椭圆形[3]，果实红色而后变黑色；核卵圆形，背部龟背状凸起而无沟或有 2 条不明显的沟，腹部有 3 条沟。

名称溯源： 陕西荚蒾的种加词 *schensianum* 是陕西的意思，该物种模式标本采集于陕西南部。

校园分布： 榆中校区南区种质资源库有分布。

锦带花

Weigela florida | Oldfashioned Weigela

◎ 忍冬科　锦带花属

形态特征： 灌木[①]；叶具短柄或近无柄，椭圆形至倒卵状椭圆形[②]；聚伞花序生于短枝叶腋和顶端[①②]；花大，鲜紫玫瑰色[①②]；花冠漏斗状钟形[①②]，裂片 5；雄蕊 5，着生于花冠中部以上，稍短于花冠；蒴果。

系统变化： 锦带花属在《中国植物志》中属于忍冬科，在 *Flora of China* 中独立为锦带花科，在 APG Ⅲ 系统中又并入忍冬科。

名称溯源： 锦带花的属名 *Weigela* 来源于人名 Christian E. Weigel（1748 — 1831），其为德国科学家。

物种档案： 锦带花的花期正值春花凋零、夏花不多之际，花色艳丽而繁多。锦带花属 10 余种，我国有 2 种。

校园分布： 盘旋路校区有少量栽培。

栽培品种： 红王子锦带（*Weigela florida* 'Red Prince'）红王子锦带是锦带花的一个园艺品种，是优良的夏初开花灌木，花朵密集，花冠胭脂红色[③④]。1982 年由中国科学院植物园余树励教授从美国引进，后陆续被其他城市引入。盘旋路校区正门口附近有栽培。

忍冬　金银花

Lonicera japonica | Japanese Honeysuckle

◎ 忍冬科　忍冬属

形态特征： 攀缘灌木[①②]；幼枝密生柔毛和腺毛；叶宽披针形至卵状椭圆形[①②③]；苞片叶状；花冠先白色略带紫色后转黄色[①②]，芳香，外面有柔毛和腺毛，唇形，上唇具 4 裂片而直立[①②]，下唇反转，约等长于花冠筒；雄蕊 5；浆果球形，黑色。

名称溯源： 忍冬为藤本，凌冬不凋，称为忍冬。忍冬又称为"金银花"，金银花一名始见于李时珍《本草纲目》，由于忍冬花初开为白色，后转为黄色，因此得名。

物种档案： 忍冬的花能解热、消炎、杀菌。忍冬属约 200 种，我国有 98 种。

校园分布： 盘旋路校区家属院、榆中校区南区水房附近有栽培。

金银忍冬　金银木

Lonicera maackii ｜ Amur Honeysuckle

◎忍冬科　忍冬属

<table>
<tr><td></td><td></td><td>🌿</td><td>🌸</td><td>🌸</td><td>🌿</td><td>🌿</td><td>🌿</td><td></td><td></td></tr>
<tr><td></td><td></td><td>🌿</td><td>🌿</td><td>🌿</td><td>🌿</td><td>🔴</td><td>🔴</td><td></td><td></td></tr>
</table>

形态特征： 灌木[①]；冬芽小，卵圆形，有 5~6 对或更多鳞片；叶卵状椭圆形至卵状披针形[①]；花芳香，生于幼枝叶腋，相邻两花的萼筒分离；花冠先白后黄色[①②③]，外面下部疏生微毛，唇形[②③]，花冠筒长约为唇瓣的 1/2，内被柔毛；雄蕊 5[③]，与花柱均短于花冠；花丝中部以下和花柱均有向上的柔毛；浆果圆形，红色[④]。

名称溯源： 金银忍冬的属名 *Lonicera* 来源于人名 Adam Lonicer（1528 — 1586），其为德国植物学家。

物种档案： 金银忍冬花果都非常美观，具有较高的观赏价值。

校园分布： 盘旋路校区钟灵园、榆中校区正门口附近有栽培。

北柴胡

Bupleurum chinense ｜ Chinese Thorowax

◎伞形科　柴胡属

<table>
<tr><td></td><td></td><td>🌿</td><td>🌿</td><td>🌿</td><td>🌿</td><td>🌿</td><td>🌸</td><td>🌿</td><td></td></tr>
<tr><td></td><td></td><td>🌿</td><td>🌿</td><td>🌿</td><td>🌿</td><td>🌿</td><td>🔴</td><td></td><td></td></tr>
</table>

形态特征： 多年生草本[①]；主根较粗大，棕褐色，质坚硬；茎单一或数茎，茎上部多回分枝长而开展，常呈"之"字形曲折；基生叶披针形，基部缢缩成柄；茎中部叶披针形[③]，叶鞘抱茎；复伞形花序[①②]；总苞片 2~3 或无[①②]；伞辐 3~8[①②]；小总苞片 5；伞形花序有花 5~10，花瓣鲜黄色[①②]，上部向内折，小舌片顶端 2 浅裂；果椭圆形，棱翅窄。

物种档案： 北柴胡分布广泛，中药材上称为北柴胡的多为本种及其三个变型，药用广泛，以根入药，有解表和里、升阳、疏肝解瘀的功效。柴胡属 100 余种，我国现知有 36 种 17 变种 7 变型。

校园分布： 榆中校区正门口附近有分布。

迷果芹

Sphallerocarpus gracilis | Thin Sphallerocarpus

◎ 伞形科　迷果芹属

形态特征： 多年生草本[①]，高 50~120 cm；茎多分枝；茎生叶二至三回羽状分裂[①④]，末回裂片边缘羽状缺刻或齿裂；叶柄基部有阔叶鞘，鞘棕褐色，边缘膜质，被白色柔毛；复伞形花序[①②]；伞辐 6~13 [②③]，不等长；小总苞片通常 5，常向下反曲，边缘膜质，有毛；小伞形花序有花 15~25 [②]；花柄不等长；花瓣倒卵形，顶端有内折的小舌片；花丝与花瓣同长或稍超出；果实椭圆状长圆形，背部有 5 条突起的棱[③]。

名称溯源： 迷果芹的属名 *Sphallerocarpus* 由希腊词 sphallos（枷锁）和 karpos（果实）组成。

物种档案： 迷果芹属仅迷果芹 1 种。

校园分布： 榆中校区昆仑堂附近有分布。

芫荽　香菜

Coriandrum sativum | Coriander

◎ 伞形科　芫荽属

形态特征： 一年生草本[②]；具强烈香气；基生叶一至二回羽状全裂[②]，裂片边缘深裂或具缺刻；茎生叶二至三回羽状深裂，最终裂片狭条形；复伞形花序顶生[①]；无总苞；伞辐 2~8 [①]；小总苞片条形；花梗 4~10 [①]；花小，白色或淡紫色[①]；双悬果近球形[③④]，光滑，果棱稍凸起。

名称溯源： 芫荽的属名 *Coriandrum* 是希腊语植物原名。

人文掌故： 《本草纲目》称："芫荽性味辛温香窜，内通心脾，外达四肢。"

物种档案： 芫荽原产地为地中海沿岸及中亚地区，现大部分地区都有种植。茎叶作蔬菜和调香料，并有健胃消食作用。芫荽属有 2 种，我国有 1 种。

校园分布： 榆中校区望远楼附近、闻韶楼附近有栽培。

中文名索引

学名索引

图片版权声明

　　本书摄影图片版权归原作者所有。本书共有植物图片 1399 张，除以下作者提供外，其余均为本书编者拍摄。

　　郝媛媛：青海云杉（P7 下 图③）、小麦（P49 下 图②）、藜（P87 上图③）、紫藤（P103 上 图④）、沙枣（P167 上 图①）、垂枝榆（P169 下 图④）、大麻（P171 上 图①、③）、酢浆草（P179 下 图①、②、③）、早开堇菜（P193 上 图②）、火炬树（P205 上 图②、③）、花椒（P213 下 图①）、木槿（P219 下 图①、②）、芸苔（P227 下 图②）、荞麦（P239 下 图③）、酸模叶蓼（P247 上 图②）、鸡冠花（P263 下 图②）、紫茉莉（P267 下 图①）、红端木（P271 上 图④）、阿拉伯婆婆纳（P311 下 图①）、大丽花（P365 下 图③、④）、两色金鸡菊（P367 上 图②、③）、苍耳（P371 上 图①）、牛膝菊（P375 上图③）。

　　杨霄月：小叶铁线莲（P75 上 图①）、费菜（P83 上 图④）、斜茎黄耆（P119 下 图①、②、③）、馒头柳（P191 上 图④）、扫帚菜（P259 下 图④）、刺沙蓬（P261 下 图③）、紫茉莉（P267 下 图③）、凤仙花（P271 下 图②、③）、迎春花（P305 上 图①、②）、花叶滇苦菜（P341 下 图④、⑤）、栉叶蒿（P357 上 图②、③）、蓼子朴（P363 下 图③）、万寿菊（P369 上 图②）。

　　张海华：角茴香（P67 上 图①、②）、费菜（P83 上 图②）、紫荆（P89 下 图①）、山皂荚（P91 上 图④）、百脉根（P97 上 图①、②）、枣（P169 上 图④）、紫茉莉（P267 下 图④）、马齿苋（P269 上 图①）、两色金鸡菊（P367 上 图①）。

　　王玉秋：雪松（P9 下 图①、④）、无芒稗（P59 下 图①）、小叶黄杨（P77 下 图③）、葎草（P171 下 图①、②）、野西瓜苗（P219 上 图①）、旱金莲（P225 下 图③）、荆条（P317 上 图②）。

　　邰如玉：月季花（P131 下 图③、④）、斑地锦（P181 上 图④）、圆叶锦葵（P221 上 图③、④）、西伯利亚蓼（P245 上 图①）、刺沙蓬（P261 下图②）。

　　王英杰：山皂荚（P91 上 图①）、南蛇藤（P177 上 图④）、君迁子（P273

上图③）、天人菊（P365 上图①、②、③）。

姚望：葡萄（P85 下图①、②、③）、刺沙蓬（P261 下图①）、罗布麻（P279 上图①、②、③、④）、杠柳（P279 下图②）。

唐杏姣：木藤蓼（P243 下图③）、杠柳（P279 下图①）、聚合草（P283 上图②、③）。

黄璞：紫露草（P35 下图②、③）、紫花苜蓿（P121 下图①）、灰楸（P329 上图③）。

刘冰：凤尾丝兰（P33 下图①）、榉叶槭（P211 上图②）、臭檀吴萸（P215 上图①）。

朱鑫鑫：芦竹（P55 下图③）、榉叶槭（P211 上图①）、猪毛菜（P261 上图①）。

宁蕊：百脉根（P97 上图③）、聚合草（P283 上图①）。

朱旭龙：中国沙棘（P165 下图④）、长柱沙参（P329 下图②）。

季小西：细叶鸢尾（P25 下图③、④）。

朱仁斌：小画眉草（P57 上图①）。

占毅：多裂委陵菜（P141 上图①）。

陈炳华：枫杨（P175 上图②）。

宋鼎：锦葵（P221 下图①）。

陈学芹：蜀葵（P223 上图①）。

张勇：阿拉伯婆婆纳（P311 下图②、④）。

孙国钧：锦带花（P379 上图①）。